현대인들의 친숙한 식생활문화를 창조하는

제과·제빵 &
샌드위치와 브런치카페

김영복 · 정화수 · 박태일 · 고난화 공저

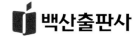
백산출판사

　현대의 급속한 경제성장과 시대변화에 따라 우리의 식생활문화도 급변하고 있습니다. 여러 국가에서 식생활과 관련된 직종에 근무하는 전문가들이 존경받으며 중요한 역할을 담당하고 있는 것도 사실입니다.

　현대인들이 간편하게 먹을 수 있는 빵과 과자가 주식의 개념으로 확대·보급됨에 따라 제과·제빵은 친숙한 식생활문화의 한 패턴으로 자리 잡아 가고 있으며 이에 브렉퍼스트, 런치의 합성어인 브런치에 이르는 새로운 문화를 창조해 나가고 있습니다. 이에 이 분야의 관심도 높아져 현재 대학은 물론 고등학교 등에서도 강좌가 개설되고 있는 실정입니다. 이에 조금이나마 보탬이 되고자 이 책을 만들게 되었습니다.

　이 책에는 제과제빵, 샌드위치, 브런치, 음료, 제빵이론을 접목시켜 이 분야에 대한 이해의 폭을 넓히고자 하였으며 이 분야에서 꼭 알아야 될 품목 위주의 메뉴가 들어 있습니다. 샌드위치, 브런치는 패스트푸드의 개념에서 건강식의 개념으로 바뀌고 있으며 이에 건강식 위주의 메뉴와 기호도 높은 메뉴를 선택하였습니다. 샌드위치 전문점 창업을 계획하신 분들에게 많은 도움이 되기를 바랍니다.

　또한 이 분야를 공부하는 분들의 열정과 욕구에 조금이나마 도움이 되었으면 합니다. 여러분의 앞날에 행운이 함께하기를 바라며 미진한 부분은 앞으로 계속 수정·보완하도록 하겠습니다.

　끝으로 책이 완성되기까지 도와주신 이유리 선생님과 출판사 관계자 여러분에게 깊은 감사의 말씀을 드립니다.

제1부 이론편

제1장 **샌드위치와 브런치카페**

1. 조리 빵의 역사 · 10
2. 조리 빵과 잘 어울리는 빵의 종류 · 12
3. 조리 빵과 잘 어울리는 스프레드 · 15
4. 조리 빵과 잘 어울리는 재료 · 18
5. 조리 빵에 사용되는 도구들 · 31

제2장 **제과 · 제빵**

● **제과**

제1절 제과의 영역 · 32
제2절 제과반죽의 분류와 믹싱법 · 36
제3절 제품별 제과법 · 41

● **제빵**

제1절 제빵의 원료 및 기능 · 50
제2절 빵의 제법 · 52
제3절 제빵 순서 · 58
제4절 제품별 제빵법 · 64
제5절 제품 평가 · 67

제3장 **재료과학**

제1절 기초과학 · 69

제2절 밀가루 · 78

제3절 이스트 · 81

제4절 감미제 · 83

제5절 우유와 유제품 · 87

제6절 유지제품 · 89

제7절 달걀 · 91

제8절 물과 이스트푸드 · 93

제9절 화학 팽창제 · 95

제10절 안정제, 향료, 향신료 · 96

제11절 초콜릿 · 99

제12절 주류 · 101

제4장 **영양학**

제1절 영양소의 종류와 권장량 · 103

제2절 탄수화물 · 104

제3절 지방(지질) · 106

제4절 단백질 · 107

제5절 무기질 · 111

제6절 비타민 · 114

제7절 물 · 117

제8절 소화와 흡수 · 118

제5장 **식품위생학**

제1절 식품위생학 개론 · 120

제2절 부패와 미생물 · 121

제3절 식품과 전염병 · 123

제4절 식중독 · 125

제5절 식품첨가물 · 130

제2부 **실기편**

샌드위치와 브런치카페 만들기

바게트 샌드위치_138 · 쉬림프 아보카도 샌드위치_140 · 베이컨 단호박 샌드위치_142 · 에그 베네딕트_144 · 오픈 샌드위치_146 · 피자 토스트_148 · 타코 샐러드_150 · 피자 오픈 샌드위치_152 · 갈릭 드레싱 쌀포카치아_154 · 팬 케이크_156 · 햄 앤 에그 샌드위치_158 · 미니버거 샌드위치_160 · 뉴욕 터키햄 샌드위치_162 · 새우버거_164 · 해물 키슈_166 · 참치 페이스트 샌드위치_168 · 훈제연어와 크림치즈 샌드위치_170 · 머시룸 치킨 살사 브루스케타_172 · B.L.T 샌드위치_174 · 등심 찹쌀말이 샌드위치_176 · 치킨 아보카도 토르티야 랩_178 · 클럽샌드위치_180 · 시푸드 샌드위치_182 · 에그로얄_184 · 하와이안 햄버거_186 · 치즈 롤 샌드위치_188 · 불고기 샌드위치_190 · 모차렐라치즈 파니니_192 · 포크커틀릿 샌드위치_194 · 크로크 무슈_196 · 발사믹 양파 파니니_198 · 베이컨 치즈버거_200 · 양송이 수프_202 · 치킨 타르타르 샌드위치_204 · 핫도그(독일식)_206 · 핫도그(뉴욕식)_208 · 음료(Beverage)_210

제과 만들기

과일 케이크_214 · 다쿠아즈_215 · 데블스푸드 케이크_216 · 마데이라컵 케이크_217 · 마들렌_218 · 마카롱 쿠키_219 · 밤과자_220 · 버터스펀지 케이크(공립법)_221 · 버터스펀지 케이크(별립법)_222 · 버터쿠키_223 · 사과파이_224 · 소프트롤 케이크_225 · 쇼트브레드 쿠키_226 · 시폰 케이크_227 · 슈크림_228 · 옐로레이어 케이크_229 · 타르트_230 · 젤리롤 케이크_231 · 초코머핀_232 · 찹쌀도넛_233 · 파운드 케이크_234 · 퍼프 페이스트리_235 · 브라우니_236 · 멥쌀스펀지케이크(공립법)_237

제빵 만들기

건포도식빵_240 · 단과자빵(소보로빵)_241 · 단과자빵(크림빵)_242 · 단과자빵(트위스트형)_243 · 더치빵_244 · 데니시 페이스트리_245 · 모카빵_246 · 밤식빵_247 · 버터롤_248 · 버터톱식빵_249 · 브리오슈_250 · 빵도넛_251 · 스위트롤_252 · 식빵(비상법)_253 · 옥수수식빵_254 · 우유식빵_255 · 그리시니_256 · 팥앙금빵(비상법)_257 · 풀만식빵_258 · 프랑스빵_259 · 소시지빵_260 · 베이글_261 · 햄버거빵_262 · 호밀식빵_263

제1부

이론편

제1장 | 샌드위치와 브런치카페

1. 조리 빵의 역사

조리 빵의 역사는 아주 오랜 역사를 가지고 있다. 아마도 빵의 역사와 같은 의미를 가지고 있을 것 같다.

가장 대표적인 샌드위치(sandwich)는 효모과정을 거친 빵 조각 사이에 한 겹 혹은 여러 겹으로 고기, 야채, 치즈, 혹은 잼 등을 넣고 먹는 음식을 총칭한다. 빵은 그 자체로 사용되거나, 버터, 기름 또는 다른 대체물, 혹은 전통적인 양념이나 소스 등을 발라서 풍미와 식감을 높인다.

샌드위치와 비슷한 음식은 오래전부터 볼 수 있었는데, 로마시대에 벌써 검은 빵에 육류를 끼운 음식이 가벼운 식사대용으로 애용되었고, 러시아에서도 전채(前菜)의 한 종류인 오픈 샌드위치를 만들어 사용하였다고 한다.

샌드위치라는 말은 18세기 후반 트럼프놀이에 빠진 영국의 J. M. 샌드위치 백작이 식사할 시간이 아까워 고용인에게 육류와 채소류를 빵 사이에 넣어 만들게 해서 먹으며 승부를 겨룬 데에서 유래됐다고 한다. 샌드위치는 형태상으로 클로즈드 샌드위치와 오픈 샌드위치로 구별한다. 클로즈드 샌드위치는 2쪽의 빵 사이에 속(filling)을 끼우는 것으로 빵의 가장자리를 잘라내기도 한다. 오픈 샌드위치는 한쪽의 빵 위에 육류와 채소를 소화 있게 놓아 먹는 것으로, 이것을 카나페(canapé)라고도 한다. 그리고 샌드위치는 용도에 따라 모양과 속을 다르게 만들기도 한다.

① 점심 또는 소풍용 샌드위치 : 이 종류의 샌드위치는 주식의 구실을 해야 하므로 필요한

영양분을 고루 함유하며, 만복감을 줄 수 있는 크기나 양이어야 한다. 따라서 빵의 두께도 너무 얇을 필요는 없고 가장자리를 잘라버릴 필요도 없다. 수분이 많은 것을 속으로 사용할 때는 버터를 넉넉히 바르도록 한다. 그러나 채썬 고기나 닭고기를 마요네즈로 버무려 넣을 때는 버터를 많이 바르지 않아도 좋다. 속은 채소와 육류를 곁들여 2가지 정도 함께 넣는 것이 보통이다. 삶아서 저민 또는 채로 썬 쇠고기·닭고기·햄·생선 등과 달걀·치즈·토마토·오이·셀러리·양파 등을 알맞게 선택하여 마요네즈·케첩 등과 버무려 다양하게 만들 수 있다.

② 티와 칵테일용 샌드위치 : 티 샌드위치는 맛있어야 하지만 반드시 정교하게 만들 필요는 없다. 또한 이 샌드위치는 배 부르게 먹는 것이 목적이 아니므로 자그마하게 만들고 고급 재료를 사용한다. 속은 보통 다지거나 얇게 썰어 모양을 자유롭게 만들 수 있게 한다. 빵을 쿠키 커터로 떼어내서 오픈 샌드위치로 만드는 경우가 많다.

③ 파티용 샌드위치 : 빵을 쿠키 커터로 자르거나 얇게 썰어 여러 종류의 속을 바른 후 돌돌 말아 이쑤시개로 고정시킨 후 썰거나 여러 겹의 빵 사이에 속을 발라 눌러서 붙게 한 후 썰어 놓는다. 쿠키 커터로 빵을 잘랐을 때는 오픈 샌드위치가 되는데, 그 위에 여러 가지 재료를 다져서 마요네즈로 버무린 속을 한쪽에만 바른다. 파티용 샌드위치는 손이 많이 가는 아름다운 음식이다.

샌드위치를 만드는 빵은 하루 묵은 것이 적합하고 토스트용보다 얇게 썬다. 도시락이나 가벼운 식사용으로는 빵의 두께를 1cm 전후, 티와 칵테일용으로는 5~6mm, 파티용으로는 3mm로 써는 것이 상식이다. 버터를 빵에 바를 때는 미리 실온에 꺼내 놓아 말랑말랑하게 한 후 포크나 나이프로 으깨어 덩어리 없이 만들어서 빵에 골고루 바른다. 약 60g의 버터를 16쪽의 빵에 바르면 알맞다. 속재료는 덩어리 없이 잘 저은 버터, 마요네즈, 겨자 갠 것, 안초비, 레몬즙에 파슬리 다진 것을 섞어서 많이 사용한다. 식사 대용의 샌드위치는 모양보다 영양분이 고루 들어가도록 해야 한다.

핫도그의 기원은 20세기가 막 시작되던 1904년 루지애나박람회 기간 중 앙뜨완 포슈뱅거가 소시지를 구워서 개인용 접시에 담아 판 것이 시초라고 한다.

하지만 장사가 시원치 않아 개인용 접시를 없애고 흰 장갑으로 뜨거운 소시지를 집어먹도록 했지만 여전히 장사가 안되어 뜨거운 소시지를 빵 사이에 끼워 팔았고 대단한 성공을 거두게 된 것이다. 이는 독일 음식에서 유래되었다고 하는데 독일 음식 중 빵에 소시지를 끼워 먹는 frankfurter라는 요리가 있었다고 한다. 이 요리가 1860년 미국에 전파되었고 미국인들은 이 음식을 닥스훈트(몸통이 길고 다리 짧은 개) 소시지라고 불렀다. 이 음식은 특히 야구 경기장에서 유행했다고 하는데 1906년 New York Times의 만화가 T. A. Dorgan은 이 롤빵에 꽂은 뜨거운 닥스훈트 소시지가 매우 마음에 들어 만화에 그리기로 했다. 그런데 독일어가 빵점인 이 만화가는 닥스훈트 스펠링을 몰라 그냥 만화에 "Get your hot dogs"라고 표기하였는데, 운 좋게 이 만화가 매우 인기를 얻게 되어 그 후로 닥스훈트 소시지를 얹은 이 음식을 줄여서 '핫도그'로 부르게 되었다고 한다.

햄버거(hamburger, 문화어 : 고기겹빵, 다진 쇠고기와 빵)는 샌드위치의 일종이며, 독일 도시 함부르크의 스테이크에서 그 이름이 유래되었다. 가정에서 직접 만들어 먹기도 하지만, 일반적으로 패스트푸드 식당에서 판매된다. 양념, 빵가루 등에 고기를 갈아 넣고 버무린 뒤 구워낸 패티와 채소, 양념 등을 두 장 이상의 동그랗거나 길쭉한 빵 사이에 넣어 만들며, 보통 손으로 들고 먹는다. 들어가는 패티의 원료나 양념에 따라 치킨버거, 불고기버거, 비프버거 등으로 구별해 부르기도 한다. 채식주의자들을 위해 채소만 넣어 만들거나 콩을 원료로 한 패티로 만든 샌드위치 역시 햄버거로 불릴 때가 많다. 한국에서는 김치의 맛을 낸 김치버거와 빵 대신 밥을 뭉쳐 모양을 낸 라이스버거도 있다.

롯데리아 · 맥도날드 등 많은 패스트푸드 식당들은 햄버거 · 감자튀김 · 콜라를 하나로 묶어서 세트로 판매하기도 한다.

2. 조리 빵과 잘 어울리는 빵의 종류

샌드위치는 재료의 다양성을 십분 발휘해 수백 가지의 샌드위치를 만들 수도 있고, 또한 빵의 종류에 따라 샌드위치의 맛과 품질이 달라질 수 있으므로 이를 통해 샌드위치 메뉴를 차별화할 수 있다.

샌드위치용 빵은 기본적으로 빵 사이에 들어가는 패티와 잘 어울리면서도 형태를 유지할 수 있는 네모난 모양의 식빵을 사용하는 것이 보편적이다. 최근에는 '건강'에 초점을 맞춰 기능성 식재를 사용한 빵이 인기를 높이고 있는 추세이다. 대표적인 것이 호밀빵과 치아바타 등이다. 밀가루로만 만든 식빵에 비해 섬유질이 풍부한 호밀을 넣어 영양을 배가시키거나 담백한 맛을 강조해 사람들에게 인기를 얻고 있다.

① **식빵**은 가장 일반적인 샌드위치용 빵으로 사용된다. 가격이 저렴하고 다른 빵에 비해 부피가 있어서 더 많은 양을 만들 수 있기 때문이다. 식빵은 윗부분을 자연스럽게 부풀려 산봉우리형으로 만든 오픈톱(영국식)과, 굽는 틀에 뚜껑을 닫고 구워 윗부분도 평평한 미국식이 있다. 재료에 따라 당분, 우유, 유지를 거의 첨가하지 않은 린 타입(lean type)과 반대로 재료를 많이 첨가한 리치 타입(rich type)이 있는데, 보통 린 타입은 토스트용으로, 리치 타입은 샌드위치용으로 사용한다.

② **호밀빵**(rye bread)은 밀가루, 호밀가루, 이스트 등으로 만들어서 반죽이 꽉 차 있고 묵직한 느낌이 특징이다. 호밀빵은 통밀빵(grain bread)과 함께 색과 향이 강하며 정제되지 않은 곡물가루가 들어가 질감이 거칠고, 섬유소 및 비타민이 풍부하다. 호밀빵은 딱딱할수록 맛이 좋으며, 부드러울수록 버터가 많이 들어간 것이다.

③ **베이글**(bagel)은 달걀, 우유, 버터 등을 넣지 않고 밀가루, 이스트, 물, 소금으로만 만든다. 때문에 지방과 당분 함량이 적고 칼로리가 낮아 소화가 잘된다. 플레인, 시나몬, 어니언, 블루베리, 호밀, 그린티 등 재료배합에 따라 종류가 다양하다.

④ **바게트**(baguette)는 빵 속에 기공이 열려 있고, 겉껍질은 바삭바삭한 것이 특징이다. 또한 바게트는 씹을수록 고소한 맛이 나는 것이 특징이다.

⑤ **잉글리시 머핀**(english muffin)은 영국에서 아침식사로 주로 먹는 달지 않은 빵이다. 수분이 75%로 촉촉한 질감이 특징이다. 맥도날드의 맥머핀이 대표적이다.

⑥ **치아바타**(ciabatta)는 이탈리아어로 납작한 슬리퍼라는 뜻이며 겉은 딱딱하고, 속은 쫄깃하고 수분이 적다. 치아바타는 밀가루의 순수한 맛이 나는 쫄깃하고 담백한 맛으로 올리브오일이나 우유, 바질 등의 허브를 넣은 종류도 있다.

⑦ **크루아상**(croissant)은 이스트로 발효시킨 빵으로 유지를 반죽 사이에 넣어 여러 겹의 층을 만들어서 부풀린다. 버터의 지방이 많고 풍미가 느껴지면서도 포근한 감촉, 그리고 담백한 맛이 특징이다.

3. 조리 빵과 잘 어울리는 스프레드

① 버터(butter)는 다른 설명이 붙지 않으면 스프레드 유제품을 가리키지만, 보통 야채로 만든 퓌레나 견과류로 만든 땅콩버터나 아몬드버터도 가리키며, 사과버터 같은 과일제품, 코코아버터와 시버터처럼 실온에서 고체상태로 있는 지방제품들도 보통 '버터'라고 한다.

신선하거나 발효된 크림이나 우유를 교반해서 만든 낙농제품으로 스프레드나 조미료로 쓰이기도 하고 굽기, 양념 만들기, 볶기 등의 요리에 응용하여 쓰이기도 한다. 버터는 유지방, 수분, 단백질로 이루어져 있다. 버터는 대부분 소의 젖, 즉 우유에서 만들어지지만 양, 염소, 버펄로, 야크 같은 다른 포유류의 젖으로도 만들 수 있다. 때로는 소금, 향료, 방부제가 버터에 첨가되기도 한다. 버터를 정제하면 맑은 버터가 되는데 이것이 버터기름으로 완전히 유지방 덩어리다. 버터가 냉각되었을 때는 고형체의 유제이다. 그러나 실온에서는 펴 바를 수 있을 정도로 부드러운 경도를 가지며 섭씨 32~35도(=화씨 90~95도)에서는 멀건 액체로 녹아내린다.

보통 버터는 창백한 노란색이지만, 진한 노란색에서 거의 흰색까지 다양하다. 버터의 색깔은 젖을 짠 동물의 먹이에 따라 결정되어 보통 제조공정 중에 안나토나 카로틴 같은 식용색소 처리가 된다.

② 마가린(margarine)은 동식물성 기름을 원료로 하여 버터와 비슷하게 만든 식품이다. 보통 식물성 기름을 수소화시켜 만든다. 버터보다 값이 싸지만 영양가가 거의 같아 버터 대신 즐겨 이용된다. 또한 버터보다 콜레스테롤이 적어 고혈압이나 심장병 환자에게 유용하지만 트랜스지방이 많은 것이 단점이다.

③ 머스터드는 종류가 매우 다양한데 현재 재배되고 있는 대부분은 브라운 머스터드가 차지하고 있고 개어놓은 상태로 많이 판매된다. 겨자, 통후추 부순 것, 간장, 마늘, 올리브유, 적포도주, 소금, 후추를 넣고 잘 섞어 차가운 고기나 소시지·샐러드·샌드위치에 드레싱으로 사용한다. 이외에도 흑겨자로 만들어 향이 짙은 것은 독일풍 조제 머스터드라 하고 백겨자로 만들어 매운맛을 내는 것은 영국풍 조제 머스터드라고 한다. 허브와 백포도주를 섞어 톡 쏘는 맛이 나면서 끝맛이 부드러운 디종 머스터드는 고급 드레싱용 프렌치 머스터드이다.

옛날부터 약용 또는 향신료로 쓰였고, 중세 유럽에서는 서민들도 사용할 수 있는 유일한 향신료였다. 옛날에는 분말상태의 머스터드를 막 짜낸 포도즙이나 마스트에 개어서 썼으나 지금은 찬물에 개어 쓴다. 따뜻한 물에 개면 매운맛이 없어지기 때문에 반드시 찬물에 개어 써야 한다. 고기요리, 달걀요리, 핫도그, 샌드위치, 치즈, 마요네즈, 각종 소스, 비네가 드레싱, 피클 등에 폭넓게 쓰인다.

씨에서 추출한 정유는 수세기 전부터 진통제, 이뇨제, 구토제나 류머티즘 등의 치료약으로 이용되어 왔다. 소염작용이 있기 때문에 습포로 만들어 기관지염이나 관절염이 있는 부분에 놓아두면 효과가 있고, 가벼운 동상, 두통, 감기 증상을 완화하는 효과도 있다. 이때 찜질 효과를 충분히 발휘하기 위해서는 반드시 찬물을 사용해야 한다. 단, 머스터드는 자극이 강하기 때문에 위장이 약한 사람에게는 이용하지 않는 것이 좋다. 원산지는 중동, 인도, 중국, 스리랑카, 지중해 연안이고 주산지는 영국, 프랑스, 이탈리아, 네덜란드, 폴란드, 덴마크, 에티오피아, 인도, 중국, 오스트레일리아, 캐나다, 미국 서부, 아르헨티나, 칠레 등 세계 각지이다.

④ 마요네즈(mayonnaise)는 프랑스 요리에서 사용하는 소스의 일종으로, 식용유, 식초, 계란을 주재료로 하는 반고체형 드레싱이다. 일반적으로 샐러드 등에 뿌려 먹으며, 최근에는 조미료로 이용되어 각종 요리에 폭넓게 이용되고 있다. 영어로는 mayo(메이요)라고 줄여 부르기도 한다.

노른자만 이용한 마요네즈와 흰자까지 모두 사용한 마요네즈가 있다.

계면화학상으로는 O/W유탁액으로 분류되며 물속에 기름이 분산되어 있는 형태를 띤다. 여기서 말하는 물은 달걀 속에 들어 있는 소량의 수분, 계면활성제는 노른자 속의 인지질을 가리킨다. 마요네즈를 만들 때에는 O/W에서 W/O로 상전이하지 않도록 주의해야 한다. W/O로 상전이했을 경우 부드러운 식감 대신 마가린처럼 끈적끈적한 식감만이 남는다.

건강과 알레르기에 대한 배려에서 달걀을 사용하지 않고 대두 등 식물성 원료만을 쓴 '대두 마요네즈'도 있다.

마요네즈 제조 시 흰자가 들어가면 수분이 많아 유화가 어려우며 비린내가 난다.

마요네즈의 어원에 대해서는 많은 속설이 있는데 메노르카 섬의 마온, 마요르카 섬, 프랑스의 바욘 등 지명과 관계된 것만도 여러 개의 설이 존재한다. 마온이 어원이라는 설은 18세기 중반 소설 삼총사로 잘 알려진 프랑스의 재상 리슐리외의 친척이 7년전쟁 당시 이름을 붙였다는 이야기에서 비롯된다. 마요르카 섬에서 마요네즈라는 말이 탄생했다는 이야기도 있다.

⑤ 케첩은 토마토 케첩을 의미한다. 그러나 최초의 케첩은 중국 서남부 지역에서 사용되던 켓샵(鮭汁, ke-chiap)이라는 소스에서 유래했다. 이 소스의 명칭은 주원료인 연어에서 따온 것인데 맛과 향이 좋아 동남아시아까지 퍼졌다.

⑥ 발사믹 식초(이탈리아어 : aceto balsamico)는 이탈리아의 전통 식초로, 샐러드의 드레싱 등에 쓰인다.

통 안에서 숙성시키는 발사믹 식초는 청포도즙을 졸인 다음 나무로 된 통 속에서 발효시켜 만든다. 발사믹 식초를 만든 것은 중세시대부터이고 유럽연합으로부터 원산지 명칭 보호를 받고 있다.

⑦ 크림치즈는 숙성되어 있지 않아 맛이 부드럽고 매끄럽다. 특히 미국에서 인기 있는 치즈이며 일반 치즈와 달리 짠맛 대신 약간 신맛이 나고 끝맛이 고소하다. 수분함량이 높고 지방이 45% 이상 들어 있는데 지방함량이 65%를 넘으면 더블크림치즈라고 한다. 발효에는 보통 스타터와 레닛을 함께 사용하지만 더블크림치즈는 스타터만으로 발효시킨다. 쉽게 상하기 때문에 빨리 먹어야 하고, 카나페 · 샌드위치 · 샐러드드레싱 · 디저트요리 · 쿠키 · 치즈케이크 등의 재료로 사용한다.

⑧ 잼(Jam, 문화어 : 단졸임, 쨈)은 과일을 설탕과 함께 조린 음식이다. 잼에 사용되는 과일은 딸기, 복숭아, 오디, 사과 등으로 다양하며 빵, 와플, 과자 등에 발라 먹는다.

4. 조리 빵과 잘 어울리는 재료

① 당근

색이 일정하고 진한 광택을 띠며 표면이 매끄럽고 형태가 바른 것이 좋다. 단단하고 뿌리 끝이 가늘수록 심이 적고 조직이 연하다. 비슷한 재료에는 미니 당근(최근 샐러드용으로 조작되어 길러지는 한입 크기의 당근으로 일반 당근을 축소한 모양을 하고 있다)이 있다.

깨끗이 씻어 밀봉하거나 흙이 묻은 채로 신문지에 싸서 보관한다.

잔뿌리를 잘라내고 흐르는 물로 표면에 묻은 흙을 깨끗이 씻어 손질한다.

수프나 주스로 사용하기도 하며, 날것으로 샐러드에 이용하기도 한다. 당근은 식이섬유소가 풍부하나 다른 채소와 비교하여 칼로리가 있는 편이므로 섭취에 주의해야 하며, 시력개선효과(당근의 비타민 A와 카로틴은 체내에 흡수되어 시각기능에 영향을 준다)가 크다.

제철은 9~11월이다.

② 가지

색이 선명하고 윤기 있는 것이 좋다. 구부러지지 않고 모양이 바른 것이 좋으며 밀봉하여 냉장 보관한다.

흐르는 물에 깨끗이 씻으며 절임, 구이, 볶음, 조림이나 튀김으로 요리하면 가지의 스펀지 같은 조직 내로 기름이 흡수되어 칼로리공급에 용이하게 된다. 또한 칼로리가 낮고 수분이 94%나 되는 다이어트 식품이다. 가지는 항암작용(가지의 안토시아닌색소는 항암효과가 있는 것으로 알려져 있다)이 있다.

제철은 4~8월이다.

③ 양상추

양상추는 잎이 밝은 연두색을 띠고 윤기가 나며, 들어보아 묵직한 것이 속이 꽉 찬 것이다. 또 뿌리 쪽을 살펴 갈색이 도는 것은 피하는 게 좋다.

양상추는 저온저장으로 20일간 저장가능하며 건조하지 않도록 랩에 싸거나 비닐봉지에 넣어 보관하는 것이 좋다. 시들해서 떼어 놓은 잎으로 남은 양상추의 겉을 감싸두면 오래 보관할 수 있다.

손질한 양상추는 얼음물에 담가 두었다가 먹기 직전에 건져 요리하면, 더욱 아삭한 맛을 즐길 수 있다.

양상추는 날로 먹어야 영양 손실을 막을 수 있으므로 샌드위치나 샐러드를 만들어 그대로 이용하는 것이 좋다. 양상추는 식이섬유소가 풍부하고 칼로리가 낮아 다이어트에 효과적이다. 또한 양상추는 신경안정, 불면증 치유(양상추는 상추 줄기에 우윳빛 유액에 함유된 일종의 알칼로이드성분이 들어 있어 실제 신경안정작용을 하는 것으로 불면증에 효과적이다)에 효능이 있다.

제철은 7~8월이다.

④ 양배추

모양이 봉긋하고 윗부분이 뾰족하지 않으며 겉잎이 짙은 녹색인 것이 좋다. 보관방법으로는 바깥쪽 잎을 2~3장 떼어 놓고 바깥쪽 잎으로 싸서 보관하면 마르거나 변색되지 않는다. 또 양배추는 잎보다 줄기가 먼저 썩는 성질이 있으므로, 칼로 줄기를 잘라낸 후 물에 적신 키친타월을 잘라낸 부분에 넣어 두면 싱싱하게 보관할 수 있다.

수용성 비타민은 너무 씻으면 영양분이 물에 녹기 쉬우므로 자르지 않고 큰 잎을 그대로 사용해야 영양소 손실이 적다.

다른 채소와 과일을 섞어 샐러드로 만들어 먹거나 익혀서 쌈으로 먹기도 하며 샌드위치의 속재료로 이용하기도 한다.

저열량, 저지방 식품이며 식이섬유소 함량이 많아 포만감을 주어 식사량을 줄여주므로 다이어트에 좋다. 또한 풍부한 식이섬유소가 장운동을 활발하게 하여 변비를 예방해 준다.

제철은 3~6월이다.

⑤ 버섯

버섯의 종류에 따라 구입요령이 다르다. 신선하고 상처가 없으며 조직이 단단한 것이 좋다.

마른 행주로 표면을 닦아주고 기둥을 위로 해서 랩을 씌워 냉장 보관한다.

흐르는 물에 깨끗이 씻어 요리에 사용한다.

송이버섯은 너무 씻으면 향이 달아난다.

열량이 적고 섬유소가 풍부하여 비만예방에 좋다.

제철은 1～12월이다.

⑥ 감자

감자의 표면에 흠집이 적으며 매끄러운 것을 선택하여, 무거우며서 단단한 것이 좋다. 싹이 나거나 녹색빛이 도는 것은 피하도록 한다.

바람이 잘 통하는 곳에 보관하고 바구니에 사과와 같이 보관하면 싹이 나는 것을 방지할 수 있다. 껍질을 까놓은 감자는 찬물에 담갔다가 물기를 뺀 후 비닐봉지나 랩에 싸서 냉장 보관한다.

껍질을 까놓은 감자는 갈변이 일어나기 때문에 물에 담가놓아야 갈변이 방지된다.

삶아서 주식 또는 간식으로 하고, 굽거나 기름에 튀겨 먹기도 한다. 볶음, 전, 탕, 국, 범벅, 서양요리 등 모든 요리에 다방면으로 쓰인다.

칼로리가 낮아 비만인 사람에게 적합하다.

제철은 6～10월이다.

⑦ 아스파라거스

줄기가 연하고 굵은 것, 절단부위가 길지 않은 것, 잎의 녹색이 진하고 싱싱한 것, 줄기에 수염뿌리가 나와 있지 않은 것이 좋다.

보관할 때는 신문지에 싸서 물에 살짝 담가서 종이에 수분이 흡수된 상태로 랩으로 말아 냉장고에 보관하면 된다.

아스파라거스는 가장 맛있는 부분이 끝과 봉우리이므로 감자 껍질을 까는 도구나 과도를 이용해 아래쪽 반 정도의 껍질을 벗기고 질긴 아래쪽 끝 3~5cm 정도는 잘라버리고 사용한다. 또한 시간이 지나면 굳어져 쓴맛이 증가하므로 가능한 빨리 조리하고, 삶을 때는 긴 상태 그대로 뿌리 쪽부터 끓는 물에 넣는다.

대부분의 아스파라거스는 통조림으로 가공되지만 끓는 물에 살짝 데쳐 찬물에 헹궈서 샐러드에 주로 이용하며, 녹색 아스파라거스는 튀김이나 수프로도 이용된다.

아스파라거스는 섬유소가 풍부하여 변비를 예방하고 지질함량과 열량이 낮아 체중조절하는 사람에게 좋다.

제철은 4~5월이다.

⑧ 단호박

색깔이 고르게 짙고 단단하며 크기에 비해 무거운 것을 고른다.

또한, 늙은 호박은 단호박과 함께 가장 많이 이용되는 호박의 종류로 일반 호박을 늦가을까지 숙성시킨 것이다. 외피가 황토 빛깔을 나타내며 과육은 단호박에 비해 붉은 빛깔을 낸다. 단호박과 크기를 비교하면 쉽게 구분가능하며 늙은 호박이 훨씬 크다.

직사광선을 피해 서늘한 곳에 보관하며 오래 보관해야 할 때는 씨와 내용물을 긁어내고 랩으로 싸서 냉동실에 보관한다.

깨끗이 씻어 껍질을 제거할 때 익혀서 벗기면 더 쉽게 제거할 수 있다. 쓰다 남은 호박은 쉽게 건조해지므로 랩으로 싸둔다.

떡을 만들기도 하며 호박김치, 호박선, 호박죽 등의 재료로 이용한다.

식이섬유소가 풍부하고 지방이 적어 다이어트와 변비예방에 효과적이다.

제철은 7~8월이다.

⑨ 호박

몸체가 쭉 고르고 윤기가 있으며 연한 녹색을 띠는 것이 좋다. 너무 굵은 것은 씨가 너무 자라 있으므로 조금 날씬한 것을 고른다.

보통 호박이라 하면 애호박을 가리키며 애호박과 늙은 호박에는 카로틴 형태의 비타민 A가 풍부하다. 애호박은 나물, 된장찌개에 이용하고 늙은 호박은 붓기 제거에 효과적이며, 호박죽 등으로 만들어 먹는다.

물기를 없애고 신문지에 싸서 채소실에 보관한다. 호박은 오래 두면 끈적거리는 진액이 나오고 물러지기 쉬우므로 빨리 조리하는 것이 좋다.

호박은 소금물에 씻어내며 껍질은 벗겨내고 요리에 알맞은 크기로 잘라서 이용한다.

호박의 주성분은 녹말로서, 날것으로 먹으면 비타민 C를 파괴하는 아스코르비나아제가 들어 있으므로 반드시 가열해서 먹는다. 가장 효과적인 방법은 기름에 볶아 먹는 것인데, 이는 카로틴의 흡수를 좋게 한다.

호박은 칼로리가 적기 때문에 여성들의 다이어트식으로도 좋고, 칼로리가 낮아 비만인 사람에게 적합하다.

단백질과 식이섬유소가 많아서 당뇨나 다이어트에 좋다.

제철은 3~10월이다.

⑩ 피망

짙은 녹색을 띠고 윤기가 나며 꼭지가 신선하고 기형이 아닌 것이 좋다. 표피가 적고 씨가 적은 것이 좋다.

비슷한 재료로는 파프리카가 있다. 피망은 색상 면에서 적색, 녹색 2종류이나 파프리카는 색상이 다양하다. 또한 피망은 약간 매운맛과 단맛이 있어 음식의 맛을 낼 때 쓰고, 파프리카는 맛이 달짝지근하여 샐러드에 사용한다.

물기가 있으면 상하기 쉬우므로 물기를 제거한 후 신문지에 싸거나 랩, 비닐 팩에 담아서 냉장고에 보관한다. 반 갈라 씨를 떨어내면 좀 더 오래 보관할 수 있다.

먹기 직전에 세척하여 꼭지를 잘라서 이용한다.

칼로리가 낮아서 비만인 사람에게 적합하다.

피망은 성질이 고추와 유사하며 소화력이 떨어지고 입맛이 없는 사람에게 적당하다.

제철은 4~12월이다.

⑪ 오이

녹색이 짙고 가시가 있으며 탄력과 광택이 있고 굵기가 고르고 꼭지의 단면이 싱싱한 것이 좋다.

오이를 냉장실에 보관하면 저온장애를 일으켜 상하기 쉬우므로 가급적 구입 당일에 먹는 것이 제일 좋다. 냉장고에 보관할 때는 한꺼번에 비닐봉지에 넣지 말고 하나씩 신문지 싸서 비닐봉지에 담은 뒤 채소실에 보관한다.

오이 꼭지 부분의 쓴맛은 물에 녹지 않고 열에 강하기 때문에 제거한 후 먹는 것이 좋다.

생식을 하거나 샐러드나 조림, 볶음 등에 이용하고 절임하여 김치류나 피클류로 사용한다.

오이에는 비타민 C를 파괴하는 아스코르비나아제라는 효소가 있어 무의 비타민 C를 파괴한다.

칼로리가 낮고 지방함량이 적어 다이어트에 적합하며 수분이 풍부해 다이어트 시 부족해질 수 있는 수분을 보충할 수 있다.

수분이 많고 이뇨효과가 큰 이소크엘시트린성분은 부기를 빼는 효과가 있다.

제철은 4~7월이다.

⑫ 셀러리

셀러리에는 비타민 B_1과 B_2가 유독 많이 들어 있으며 그 밖에 비타민 A, C 및 나트륨, 칼슘, 마그네슘, 인 그리고 조혈작용을 하는 철이 함유되어 있다. 단백질을 구성하는 아미노산으로는 감칠맛 성분인 글루타민산(glutamic acid)이 가장 많고 글리신(glycine)과 간의 작용을 도와주며 지방성 간(fatty liver)으로 진행되지 않게 하는 필수아미노산인 메티오닌(methionine)도 비교적 많다. 또한 섬유질도 많은 부분을 차지한다. 생 셀러리 녹즙의 가장 중요한 점은 활성 있는 유기성 나트륨이 매우 많아 각종 질병 및 증상에 현저한 효과가 있다.

셀러리는 피를 깨끗하게 하고 신경을 안정시키는 작용이 있어 흥분·불안 증세를 가라앉힌다. 특히 흥분을 잘하거나 사소한 일로도 얼굴을 잘 붉히는 사람은 평소에 셀러리를 자주 먹으면 좋다.

셀러리는 정장작용과 강장효과, 항스트레스작용, 당뇨병, 신경염, 관상동맥장애 및 각종 결석증의 예방 및 치료 효과가 뛰어나며 갱년기장애, 생리불순에도 효과가 크다.

또한, 셀러리 줄기로 즙을 내어 동상 부위에 붙이면 특효가 있고 목욕물에 잎을 넣으면 향기가 좋아질 뿐 아니라 몸을 훈훈하게 덥히는 작용을 한다.

제철은 일 년 내내이다.

⑬ 양파

껍질이 잘 마르고 광택이 있으며 단단하고 중량감이 있는 것을 고른다. 붉은빛이 도는 것이 신선하고 눌러보아 물렁물렁한 것은 심이 썩은 것이므로 피하도록 한다.

종이봉투나 망사자루에 넣어 서늘하고 바람이 잘 통하는 곳에 둔다. 오래 저장할 때는 종이봉투에 담아 서늘한 곳에 건조한 상태를 유지하여 보관하는 것이 중요하다.

뿌리부분은 잘라내고 대를 자른 부분부터 갈색의 마른 껍질을 벗긴 후 용도에 따라 썰어서 사용한다.

주로 요리에 양념재료로 이용하며 껍질을 까서 비닐 팩에 넣어 냉장고에 보관하면 신속한 조리에 이용할 수 있다.

양파는 열량이 적으며 콜레스테롤 농도를 저하시켜 다이어트에 좋다.

양파 특유의 매운맛과 자극적인 냄새는 유화알릴이라는 성분으로 소화액의 분비를 돕고 신진대사를 원활히 한다.

제철은 7~9월이다.

⑭ 치즈

치즈는 수천 가지이며 현재 세계적으로 사용되는 치즈는 500종이 넘는다. 각 요리에 맞는 치즈를 시중에서 구입하는 것이 좋다.

치즈는 반드시 랩에 싸서 냉장고에 보관한다. 쉽게 상할 수 있으므로 소량씩 구입하여 사용하고, 남은 것은 밀봉하여 냉동 보관한다.

치즈는 우유의 젖산균이나 효소(레닌)의 작용으로 단백질과 지방을 응고시키고 수분을 제거하고 가열·가압 처리하여 만든 신선한 응고−발효−숙성식품이다.

치즈를 그대로 잘라서 먹거나 술안주용으로 이용하고 오믈렛, 퐁듀, 캐서롤 등에도 이용하며 샌드위치를 만드는 데 쓰기도 한다. 코티지, 크림치즈는 샐러드에 이용된다.

치즈에 부족한 섬유소는 딸기와 함께 섭취함으로써 보충할 수 있다.

치즈에는 지방이 함유되어 있지만, 소화되기 쉬운 유화상태로 되어 있고 치즈에 함유된 비타민 B_2의 작용에 의해 지방이 쉽게 연소되어 조금만 먹어도 포만감을 준다. 그래서 다이어트에 효과적이다.

제철은 일 년 내내이다.

⑮ 연어

비늘이 잘 붙어 있고 밝은색을 띠며, 눈이 투명하고 아가미는 밝은 적색을 띠는 것이 좋다. 살이 단단하고 탄력 있는 것이 좋다.

연어를 조금 두었다 먹어야 할 경우에는 다시마에 연어를 얹고 양파, 셀러리, 딜, 시소 등의 채소를 놓고 다시마로 다시 덮어 랩에 씌워 냉동시키면 손쉽게 사용할 수 있다.

비린내를 없애기 위해서는 구입 즉시 창자와 아가미 등을 제거한 다음, 흐르는 물에 피를 씻어내고 바닷물보다 약간 농도가 낮은 소금물로 씻은(수용성 무기질 등의 영양소 손실이 생기지 않도록 씻는다) 후에 토막 낸다.

살색은 투명한 분홍빛을 띠는데 주로 소금구이나 버터구이, 튀김요리에 많이 사용한다.

녹황색 채소와 같이 먹으면 산화방지를 도움이 된다.

연어는 고단백 저칼로리로 비만인 사람에게 적합하다.

연어에는 EPA, DHA의 오메가 3지방산이 많아 체내 중성지방 수치를 낮춰주고 뇌세포 발달에 도움이 된다. 비타민 A, E 성분이 많아 세포점막을 튼튼히 해주고 노화방지에도 도움이 된다.

제철은 9~10월이다.

⑯ 햄

제조연월일이 최근인 것을 고르고, 포장이 터졌거나 오래된 것은 피한다. 칙칙한 착색은 없는지, 표피 밑에 액즙이 괴어 있지 않은지, 벤 자리에 기포가 적은지, 빛깔의 변색은 없는지 유심히 살핀다. 훈연색이 고르고 윤기가 흐르는 것이 좋다.

햄에 표기된 유효기간은 미개봉상태에서 냉동실에 보존 가능한 기간이며 개봉 후에는 유효기간이 반으로 줄어든다. 1개월까지 냉장 보관가능하다.

햄 등은 공기와 접촉하면 그 부분이 말라서 딱딱해지므로 사용하고 남은 햄은 반드시 비닐봉지에 담아 보관한다.

볶음밥, 찌개, 전골, 제과 · 제빵 등 모든 음식에 식재료로 이용한다.

햄, 소시지 등과 채소를 함께 먹는 것은 좋지 않다고 하는데 상추, 무, 배추, 셀러리 등의 다액 속에는 아질산이온으로 변하는 질산이온이 다량 함유되어 있기 때문이다. 예를 들어 샌드위치에 햄과 상추를 같이 끼워 먹는다면 상추에 함유된 질산이온이 입 안에서 아질산이온으로 변해 햄에 든 아민, 아질산나트륨과 결합하여 발암성 물질의 일종인 니트로소아민을 발생시킬 수 있다.

햄은 베이컨이나 소시지에 비해 열량은 낮지만 단백질 함유량은 높은 편이다. 햄의 종류중에서 런천미트가 열량이나 기타 영양소 함유량이 높은 편이다. 그러나 과잉섭취 시 좋지않다.

제철은 일 년 내내이다.

⑰ 베이컨

포장지의 유통기한을 반드시 확인한 뒤, 선홍색을 띠는 것을 구입하는 것이 좋다.

요리 후 밀봉하여 공기와의 접촉을 막으며 오래 보관한 경우 반드시 냉동 보관한다.

먹을 만큼 잘라놓아 요리 시 사용하기 편리하도록 한다.

다른 재료와 함께 굽거나 튀겨서 먹는다.

채소와 함께 조리하면 베이컨에 없는 식이섬유소를 보충해 준다.

칼로리와 지방, 염분이 많아 다이어트에 좋지 않다.

제철은 일 년 내내이다.

⑱ 피클

미네랄이 풍부한 알칼리성 식품으로 청혈작용과 노폐물의 배설작용이 뛰어나므로 오이피클을 만들어 자주 먹으면 혈압강화와 피부미용에 좋고 강판에 갈아 즙을 내어 먹으면 천식발작에 좋은 효능을 보인다.

밀폐용기에 담아 냉장 보관한다.

⑲ 참치

붉은색을 띠고 육질이 고운 것이 최고급이다. 눌러봤을 때 단단하고 탄력 있는 것이 좋다.

급속 냉동한 참다랑어는 한번 먹을 분량을 랩으로 싸서 냉동실에 보관해 두었다 필요할 때마다 꺼내서 먹으며 재냉동하지 않는다.

배에 칼집을 넣어 내장을 빼내고 사용할 부위를 잘라 깨끗한 행주로 피를 말끔히 제거한 후 이용한다.

전 세계적으로 다양한 요리법이 있으며 널리 사용되고 있다. 지방이 낮고 수분이 적어 횟감으로 애용되며 통조림이나 냉동식품으로도 이용된다.

칼로리가 낮아 다이어트를 계획하는 비만인 사람에게 좋다.

참다랑어에는 DHA, EPA가 풍부하여 혈중 콜레스테롤 수치를 낮추어 동맥경화 등 혈관계 질환 예방에 효과적이다.

제철은 4~6월이다.

⑳ 토마토

과실이 크고 단단한 것, 붉은 빛깔이 선명하고 균일한 것, 꼭지가 단단하고 시들지 않은 것, 꼭지가 오그라들지 않고 초록색을 띤 것이 좋다.

햇볕이 들지 않고 통풍이 잘되는 상온에 보관한다.

손질한 토마토는 십자로 칼집을 낸 후 끓는 물에 살짝 데쳐 껍질을 벗겨낸 후 요리에 이용한다.

토마토는 주로 생으로 먹지만 주스 또는 토마토케첩·토마토퓌레 등으로 가공되어 서양요리의 재료로도 쓰인다.

토마토에 설탕을 뿌려 먹으면 체내에서 설탕을 신진대사하기 위해 토마토의 비타민 B군이 손실되므로 그냥 먹는 것이 좋다.

토마토는 열량이 낮아 다이어트식품으로 적합하다.

제철은 7~9월이다.

㉑ 닭 가슴살

살이 두텁고 윤기가 흐르며 탄력 있는 것이 좋다. 살이 너무 흰 것은 오래된 것이므로 되도록이면 엷은 분홍빛이 나는 닭을 고른다.

신선한 닭 가슴살을 구입해 랩이나 비닐봉지에 넣어 냉장고에 보관한다.

닭털을 제거하고 손질한 상태에서 술이나 생강즙에 재어 30분 정도 두면 특유의 냄새를 제거할 수 있다.

닭 가슴살은 빛깔이 희고 기름기가 없어 담백하고 부드러운 맛이 나며 소화흡수가 잘 되어 냉채나 샐러드, 꼬치구이에 이용한다.

단백질이 많은 닭 가슴살과 채소의 비타민이 상승효과를 내어 영양적으로 균형 잡힌 공급원이 된다.

닭 가슴살은 고단백식품으로 지방질이 적어 다이어트에 좋다.

쇠고기보다 메티오닌을 비롯한 필수아미노산이 풍부하여 간장의 기능을 좋게 한다.

제철은 일 년 내내이다.

㉒ 돼지고기 등심

고유의 색상과 광택이 있고, 이취가 없는 것이 좋다.

냉장고 신선실에 보관하고 바로 먹지 않을 것이면 비닐봉지에 단단히 밀봉해서 냉동실에 보관한다.

돼지고기를 깨끗이 씻어 핏물을 뺀 후 청주, 후추, 생강 등을 이용하여 누린내를 제거한 다음 요리에 이용한다.

조리할 때는 가열 전에 반드시 힘줄을 잘라주어야 고기가 수축하지 않고 맛이 있다.

열량은 높으나 지방이 적으며 단백질과 지방질이 주성분으로 어린이 성장발달에 영양을 공급한다. 부추는 몸을 따뜻하게 해주며 찬 성질의 돼지고기와 잘 어울린다.

제철은 일 년 내내이다.

㉓ 새우

몸이 투명하고 윤기가 나고 껍질이 단단한 것이 좋다.

깨끗이 손질하여 냉동 보관한다.

등쪽 두 번째 마디에서 이쑤시개를 이용하여 긴 내장을 빼내고 옅은 소금물에 흔들어 씻는다.

찜, 구이, 튀김, 전 등과 새우젓으로 이용된다.

새우에 부족한 비타민 A와 C가 아욱에 풍부해 아욱국을 끓일 때 새우를 넣으면 궁합이 맞는다.

고단백, 저지방 식품으로 다이어트에 좋다.

칼슘과 타우린이 풍부하게 들어 있어 고혈압 예방과 성장발육에 효과적이고 키토산은 혈액 내 콜레스테롤을 낮추는 역할을 한다.

제철은 9~12월이다.

㉔ 두부

가능한 전문점에서 만든 것을 선택하고 팩에 들어 있는 것은 날짜를 확인한다.

두부를 오래 보관해야 할 때는 물에 담가두는 게 좋다. 이때 물에 소금을 조금 뿌려 놓으면 신신한 맛을 좀 더 오래 유지할 수 있다.

통째로 흐르는 물에 여러 번 씻는다.

생으로 먹거나 찌개, 국의 재료로 이용되고 두부부침이나 샐러드로 조리하여 섭취하기도 한다.

두부는 고단백식품으로 근육 만들기와 같은 몸매 가꾸기에도 적합하며 다이어트에도 좋은 식품이다.

두부는 리놀산을 함유하고 있어 콜레스테롤을 낮추고 올리고당이 많아 장의 움직임을 활성화하고 소화흡수를 돕는다.

제철은 일 년 내내이다.

㉕ 생크림

지방의 함량이 높으므로 섭취 시 주의한다.

다른 음식의 냄새를 잘 흡수하므로 반드시 밀봉하며 냉장 보관한다.

레몬즙의 비타민 C가 생크림에 첨가되면 항산화작용을 하여 크림의 부패를 다소 늦추어준다.

지방의 함량이 높아 체중조절 시 주의하여 섭취해야 한다.

5. 조리 빵에 사용되는 도구들

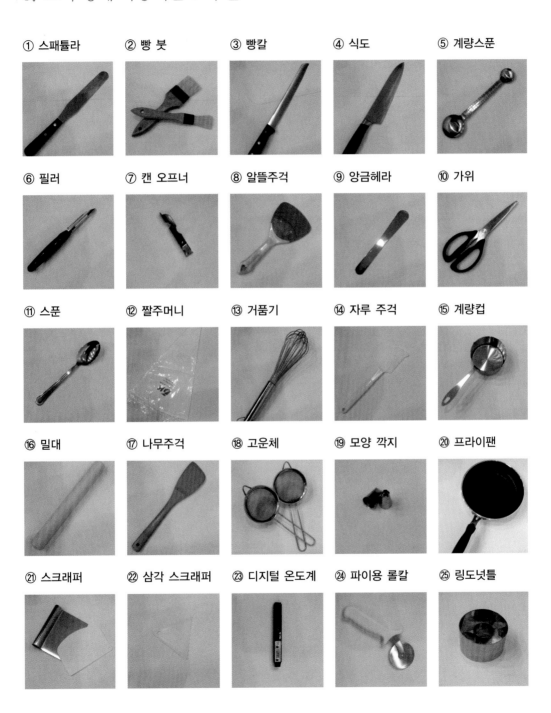

① 스패튤라

② 빵 붓

③ 빵칼

④ 식도

⑤ 계량스푼

⑥ 필러

⑦ 캔 오프너

⑧ 알뜰주걱

⑨ 앙금헤라

⑩ 가위

⑪ 스푼

⑫ 짤주머니

⑬ 거품기

⑭ 자루 주걱

⑮ 계량컵

⑯ 밀대

⑰ 나무주걱

⑱ 고운체

⑲ 모양 깍지

⑳ 프라이팬

㉑ 스크래퍼

㉒ 삼각 스크래퍼

㉓ 디지털 온도계

㉔ 파이용 롤칼

㉕ 링도넛틀

제2장 | 제과 · 제빵

 제과

제1절 제과의 영역

1. 빵의 유래

제과 · 제빵의 역사

오늘날 식생활문화는 놀랄 만큼 빠른 물결을 타고 있다. 그중에서도 빵과 과자는 우리 생활 속에 널리 보급되었고 매우 친숙한 식생활문화의 한 패턴으로 자리 잡아 감에 따라 이제 빵과 과자는 식품산업의 한 분야로서뿐만 아니라 국민 건강 차원에서 매우 중요한 위치를 차지하게 되었다. 빵이 간식에서 주식의 개념으로 확대 · 보급됨에 따라 소비자의 기호와 입맛 또한 날로 다양화되어 소비자의 기호 변화를 리드할 수 있는 패턴의 제품이 필요하게 되었고, 소비자가 식품을 고르는 기준 또한 양에서 질로 바뀌고 있다. 맛과 모양이 독특한 제품이 개발되었고 최근에는 여러 부재료를 사용해 그 종류가 더 다양해졌다. 빵이란 밀가루 또는 기타 곡물에 이스트, 소금, 물 등을 가하여 생지를 만들고 이것을 발효시켜 굽거나 찐 것을 말한다. 밀가루를 반죽할 때 효모를 넣어 부풀게 한 빵을 발효빵이라 하고 화학제인 팽창제를 넣어 팽창시킨 빵을 무발효빵이라 한다.

제빵이란 밀가루 속에 함유되어 있는 단백질(Glutenin and Gliadin)과 효모(Yeast)를 결합하여 발효시켜 구워내는 과정인데, 이것은 수의성 또는 혐기성 미생물을 이용하여 인공적으로 발효시킨 것이다. 빵의 어원은 라틴어의 'Panis'에서 전래되었고, 프랑스어의 'Pain', 스페인어의 'Pain', 이태리어의 'Pane', 독일어의 'Brot', 네덜란드어의 'Brod', 영어의 'Bread' 등으로 불리고 있으며, 우리나라와 일본에서는 '빵'이라 불리고 있다. 이는 아마도 가장 일찍이 일본에 소개한 스페인어의 pan이 일본식 발음인 빵으로 불리다 우리나라에 '빵'이라고 전해진 듯하다.

빵은 '인류가 만들어낸 과일'이라고 할 만큼 영양 면에서나 맛에서 많은 사람들의 사랑을 받고 있다. 우리나라에서도 아침식사로 빵을 먹는 사람들이 늘어나는 등 식생활의 서구화로 빵과 과자의 수요가 증가하고 있으며 주변에서 세계 각국의 빵이나 과자를 맛볼 수 있는 기회도 많아졌다. 더욱이 요즘은 식사대용이 아닌 기호식품으로 빵을 즐김에 따라 소비자의 입맛이 점차 고급화·다양화되고 있는 추세여서 이들의 입맛에 맞는 제품개발이 중요하다. 제과제빵사는 흔히 제과점에서 볼 수 있는 빵과 케이크, 쿠키, 파이 등을 만드는 사람이다. 엄밀히는 빵을 전문으로 만드는 제빵사와 케이크이나 파이 등을 만들고 장식하는 제과사로 구분되지만 둘 다 곡식가루, 밀가루를 공통으로 많이 사용하는 등 재료, 사용도구, 하는 일, 진출경로가 같다. 제과제빵사는 계량컵, 계량스푼, 저울 등을 사용하여 밀가루, 설탕, 파우더, 달걀 등의 재료를 계량하고 믹서로 혼합하거나 손으로 섞어 반죽을 한다. 반죽용 방망이, 쿠키커터를 사용하거나 손으로 반죽을 잘라 여러 가지 모양을 만들고 만들어진 재료를 오븐에 넣어 구워낸다.

빵의 역사와 기원은 인류의 역사와 같이 시작되었다 해도 과언이 아닐 것이다. 학자들에 따라서는 빵의 기원을 고대 중국이나 이집트로 보는 견해도 있으나, 고고학적으로 입증된 가장 오래된 기록에 따르면 스위스 지방으로 되어 있다.

기원전 7000년경 스위스 호숫가에 살던 사람들이 모래처럼 굵게 빻은 곡물을 이겨서 구운 납작한 빵(오늘날의 비스킷과 유사)이 빵 제조의 시초로 전해 내려오고 있다. 그 후 3188년 내지 2815년 사이의 고대이집트에서 오늘날과 같은 발효빵이 제조되기 시작하였다. 물론 반죽의 발효는 효모나 세균의 오염에서 우연히 발견되었을 것이다. 발효빵은 무발효빵에 비해 속결이 부드러워 조직감이 좋고 소화율도 높기 때문에 이집트인들은 발효빵을 신의 은총으로 믿게 되었으며, 신의 은총을 받지 않은 사람은 발효를 시킬 수 없다고 믿었다.

고대 이집트시대에 이미 빵이 국민의 주식으로 등장하였고, 여러 형태의 빵오븐을 발명하여 빵의 종류는 50여 가지에 이르게 된다.

발전과 변천을 거듭하여 빵의 산업화는 로마시대부터 시작되었다. 빵제조는 국가의 통제를 받게 되며, 무게 단위로 빵의 거래를 결정하게 되었다. 빵을 무게단위로 판매했던 로마인들의 법안은 그 후 유럽의 모든 국가에 전파되어 빵의 값어치를 부피 아닌 무게로 환산하는 계기가 되었다.

중세기를 거치면서 빵은 유럽인의 주식이 되었다. 다만 밀 생산이 적고 라이맥이나 오트밀 생산이 많은 지역에서는 라이맥빵이나 오트밀빵을 흰빵 대신 주식으로 이용하게 되었다. 이러한 현상은 아메리카 신대륙 정착생활에서도 볼 수 있다. 밀이 신대륙에서 재배되기 전에는 많은 개척자들이 옥수수를 원료로 한 옥수수빵을 제조하였으며, 오늘날까지도 미국 특유의 빵으로 많은 애호를 받고 있다.

빵의 종류는 서양에서는 200여 종을 훨씬 넘고 있지만 국내에서는 20~30여 종으로 극히 적다. 그럼에도 불구하고 우리나라에서 빵은 케이크와 혼용되어 사용되어 온 실정이어서 우선 빵과 케이크를 구별할 필요가 있다. 서양인들의 주식인 빵은 간식인 케이크와 확실히 구별되어야 하고 그럼으로써 주식으로서 빵의 효율적 이용을 꾀할 수 있기 때문이다. 엄밀히 말해서 빵이란 밀가루, 효모, 물을 주성분으로 제조한 가공식품이다. 경우에 따라 빵의 품질 향상과 저장성을 높이기 위해 여러 가지 품질개량제, 보조제, 유화제 및 보존제를 첨가하고 있다.

과자는 BC 6000~4000년경 평원의 야생 소맥을 타서 물로 반죽한 음식이라는 점에서 오늘날의 과자에 해당되지만 우연한 기회에 야생효모가 혼입되어 발효빵이 만들어지게 되었다고 한다.

그리스시대에 들어 제과기술이 현저히 발달되고 그 종류도 다양해져서 이미 80~90여 종에 이르는 빵, 과자를 제조하게 되었고 로마제국에 계승된 과자는 경제력과 종교의식을 바탕으로 크게 발전하였다. 이때 현대 과자의 원형이 되는 제품들이 만들어졌으며 아이스크림의 기초인 서벗의 원형도 선보이게 되었다.

과자제조법은 로마로부터 오스트리아의 수도를 거쳐 독일로 들어가 북상하여 게르만민족에 전파되고, 다른 하나는 서진하여 프랑스로 들어갔다. 후에 오스트리아의 수도원으로부터 프랑스와 덴마크로 직접 전래된 것은 제빵기술과 고급과자 제조방법이 매우 발달했기 때문이다.

중세기 유럽의 문예부흥과 더불어 과자도 대중화되어 주식인 빵과 구분되는 기호품으로서 과자를 파는 전문점과 직업인이 늘어나기 시작하고 과자빵류가 정착되기 시작한 것은 16~17세기경이었다.

유럽의 과자는 1500년대 아메리칸 신대륙 발견 이후 커피, 코코아, 설탕 등이 도입되면서 그 품종과 기법이 크게 발전하였다.

우리나라는 약 100여 년 전인 1880년대에 정동구락부에서 선보인 것을 시작으로 고급 과자류가 수입·판매되었다. 1972년부터 정부의 분식장려정책과 더불어 경제수준의 향상으로 발전 속도가 가속되었으며, 1980년대 들어서는 호텔에서도 과자점을 설립하여 시중에 진출하기 시작했고 외국의 패스트푸드도 활발하게 상륙하고 있다.

제과와 제빵의 영역을 분명하게 구별하는 기준이 설정되어 있지 않으므로 어느 영역에 포함시켜야 되는지 모호한 제품이 많다. 케이크인지 빵인지를 구별하는 기준으로 유리, 현실적인 사용, 설탕 사용량의 다소, 사용 밀가루의 종류, 반죽의 상태 등 상당한 근거를 가진 것이 많으나 우리는 편의상 이스트의 사용 유무를 기준으로 하고 있다.

옐로레이어, 화이트레이어, 데블스푸드, 초콜릿 케이크를 포함하는 레이어 케이크, 일반 파운드, 마블 파운드, 과일 파운드 케이크를 포함하는 파운드 케이크, 젤리롤, 카스텔라 등을 포함하는 스펀지 케이크, 흰자를 주재료로 하는 거품류인 엔젤푸드 케이크, 각종 파이와 슈크림 제품들을 포함하는 도넛 등을 기본 제과제품으로 한다.

이외에 초콜릿 제품, 냉과류, 크림류, 소스류, 기본제품의 각종 응용제품과 데커레이션 케이크, 공예과자도 제과영역에 포함시킨다.

제빵은 생물학적 팽창제인 이스트를 사용하고, 제과는 이스트를 사용하지 않고, 화학적 팽창제인 베이킹파우더를 주로 사용하며, 보조적으로 달걀의 기포성을 이용해서 과자를 부풀게 한다.

1) 과자의 일반적 분류

① 양과자류 : 일반적인 케이크를 말하며 스펀지 케이크나 파운드 케이크 등
② 생과자류 : 수분함량이 높은 케이크
③ 냉과류 : 무스, 아이스크림, 셔벗 등
④ 페이스트리류 : 퍼프 페이스트리, 파이류

⑤ 기타류 : 초콜릿 제품, 데커레이션 케이크, 공예과자 등

2) 팽창형태에 따른 분류

① 화학적 팽창 : 화학팽창제에 의존하는 제품
② 공기 팽창 : 믹싱 중 포집된 공기에 의존하는 제품
③ 무팽창 : 팽창하지 않는 제품
④ 복합형 팽창 : 이스트와 화학적 팽창을 겸하는 제품(예 : 찐빵)

제2절 제과반죽의 분류와 믹싱법

1. 제과반죽의 분류

1) 반죽형(Batter Type)

밀가루, 달걀, 유지가 구성 재료이며 밀가루를 달걀보다 많이 사용한다.
화학팽창제에 의해 제품 부피가 형성되며 많은 양의 유지 사용
종류 : 레이어 케이크류, 파운드류

2) 거품형(Foam Type)

달걀 단백질의 공기포집성과 변성(응고성)에 근본적으로 의존하는 케이크로 일반적으로
달걀이 밀가루보다 많이 사용되며 저율배합에서 화학팽창제를 사용한다.
종류 : 스펀지 케이크, 엔젤푸드 케이크

3) 별립형(Chiffon Type)

흰자 · 노른자를 나누어 쓰되, 노른자는 거품을 내지 않고, 흰자와 설탕을 머랭을 만들어

부풀린 반죽으로 반죽형의 조직감과 거품형의 부피감을 이용한 방법이다.

2. 반죽형 케이크의 믹싱법

1) 크림법(Creaming Method)

유지와 설탕을 넣고 가벼운 크림을 만든 뒤 달걀과 같은 액체재료를 서서히 투입하여 부드러운 크림을 만든 후 마지막에 밀가루를 넣어 균일하게 혼합한다.
부피가 우선시될 때 이 방법을 사용한다.

2) 블렌딩법(Blending Method)

밀가루와 유지를 믹싱하여 밀가루가 유지에 피복되도록 한 후 건조재료, 액체재료 일부를 넣고 균일하게 믹싱한 후 나머지 액체재료를 넣는다. 제품의 부드러움(식감)을 우선시할 때 사용한다.

3) 설탕/물법(Sugar/Water Method)

전체 설탕량의 1/2의 물을 사용하고 설탕에 물을 넣고 포화용액을 만들고 건조재료를 투입하여 공기포집될 때까지 혼합한다. 균일한 제품, 계량이 용이하며 주로 양산업체에서 사용한다.

4) 단단계법(Single Stage Method)

모든 재료를 한꺼번에 넣고 믹싱한다. 노동력과 시간이 절약되며 믹서(mixer)의 성능과 믹싱시간이 반죽의 특성을 지배한다.

3. 거품형 케이크 믹싱법

1) 공립법

거품형에서 가장 기본적인 방법으로 흰자와 노른자를 함께 사용하여 거품을 낸다.
- 더운 믹싱법 : 달걀과 설탕을 넣고 중탕으로 가열하여 37~43℃까지 데운 뒤 거품을 내는 방법이다.
- 찬 믹싱법 : 중탕하지 않고 달걀과 설탕의 거품을 내는 방법이다.

2) 별립법

흰자의 구조력을 최대한 이용한 제품으로 노른자와 흰자를 분리하여 제조하는 방법이다. 부피를 우선시할 때 이용한다(머랭 제조 시 흰자에 노른자나 지방이 없도록 주의한다).

4. 반죽의 비중

1) 반죽의 비중(Specific Gravity of Batter)

① 비중은 외부적 특성인 부피와 내부적 특성인 기공과 조직에 큰 영향을 준다.

② 같은 용적의 물의 무게에 대한 반죽의 무게를 소수로 표시한다.

③ 반죽의 비중 $= \dfrac{\text{같은 용적의 반죽 무게}}{\text{같은 용적의 물 무게}}$

④ 비중 계산 연습 A
- 비중컵 무게 = 40g, 비중컵+물 = 240g, 비중컵+반죽 = 140g인 경우

- 비중 $= \dfrac{\text{반죽 무게}}{\text{물 무게}} = \dfrac{140-40}{240-40} = \dfrac{100}{200} = 0.5$

2) 비중이 제품에 미치는 영향

① 비중이 높으면 제품이 작고 낮으면 크다.
② 비중이 낮으면 공기 함유가 많아서 기공이 거칠고 비중이 높으면 기공이 조밀하다.
③ 일정한 완제품을 생산하려면 적정비중을 맞춰야 한다.

5. 반죽의 pH

① 제품의 품질을 최상으로 하기 위한 반죽의 pH는 제품별로 다르다.
② 적정범위를 넘는 경우의 산도

항목	산성	알칼리성
기공	조밀하고 고운 기공	거칠고 열린 기공
껍질색	밝다	어둡다
향	약하다	강하다
부피	작은 부피	큰 부피
이미	자극적인 쏘는 맛	진한 소다 맛
조절 재료	주석산, 식초, 레몬즙	베이킹파우더, 베이킹소다

6. 반죽량과 팬 용적

팬의 용적과 반죽의 비중에 따라 반죽량이 달라지므로 팬의 용적을 알아둘 필요가 있다.

* 반죽 1g당 팬 용적
  파운드 = 2.40cm^3
  레이어 케이크 = 2.96cm^3
  엔젤푸드 = 4.71cm^3
  스펀지 케이크 = 5.08cm^3

(1) 곧은 옆면을 가진 원형팬의 용적계산

　　용적 = 반지름×반지름×3.14×높이

(2) 경사진 옆면을 가진 원형팬의 용적계산

　　용적 = 평균반지름×평균반지름×3.14×높이

(3) 엔젤팬의 용적계산

　　① 바깥 팬 용적 = 평균반지름×평균반지름×3.14×높이
　　② 안쪽 관 용적 = 평균반지름×평균반지름×3.14×높이
　　③ 실제 용적 = 바깥 팬 용적－안쪽 관 용적

(4) 경사면으로 된 직육면체 모양 팬의 용적 계산

　　용적 = 평균가로×평균세로×공통깊이

7. 반죽온도조절

(1) 반죽온도가 낮은 경우 : 부피가 작고 식감도 나쁘다.

(2) 반죽온도가 높은 경우 : 기공이 열리고 내상이 거칠며 노화가 빠르다.

　　① 마찰계수 = 결과온도×6－(실내온도＋밀가루온도＋설탕온도
　　　　　　　　　＋유지온도＋달걀온도＋수돗물온도)
　　② 사용할 물의 온도 = 희망온도×6－(실내온도＋밀가루온도＋설탕온도
　　　　　　　　　　　　　＋유지온도＋달걀온도＋마찰계수)

　　③ 얼음사용량 = $\dfrac{\text{물 사용량}\times(\text{수돗물온도}-\text{사용수온도})}{80+\text{수돗물온도}}$

8. 굽기

(1) 온도조절하기

① 낮은 온도 : 고율배합이거나 반죽량이 많은 경우
② 높은 온도 : 저율배합이거나 반죽량이 적은 경우

(2) 굽기 중 제품의 현상

① 오버 베이킹(over baking) : 너무 낮은 온도에서 구우면 윗면이 평평하고 조직이 부드러우며 수분 손실이 크다(노화가 빠르다).
② 언더 베이킹(under baking) : 너무 높은 온도에서 구우면 조직이 거칠고 설익어 주저앉기 쉽다.

제3절 **제품별 제과법**

1. 레이어 케이크

1) 옐로레이어 케이크(Yellow Layer Cake)

(1) 배합률 조정 공식

① 설탕 사용량, 쇼트닝 사용량을 먼저 결정
② 전란 = 쇼트닝×1.1
③ 우유 = 설탕+25－전란
④ 우유 = 탈지분유(10%)+물(90%)로 대체 가능

2) 화이트레이어 케이크(White Layer Cake)

전란 대신 흰자를 사용하여 만드는 케이크

※ 유화쇼트닝 = 쇼트닝+유화제로 사용 가능

일반 쇼트닝량의 6% 정도 유화제를 첨가한다.

(1) 배합률 조정 공식

① 먼저 설탕 사용량과 쇼트닝 사용량을 결정

② 흰자 = 쇼트닝×1.1×1.3 = 쇼트닝×1.43

③ 우유 = 설탕+30－흰자

④ 우유의 10%는 탈지분유, 우유의 90%는 물로 대치 사용

⑤ 주석산칼륨[$KH(C_4H_4O_6)$]을 0.5% 사용 : 색을 희게 하기 위해 사용한다.

3) 데블스푸드 케이크(Devil's Food Cake)

(1) 배합률 조정 공식

① 설탕 사용량, 쇼트닝 사용량, 코코아 사용량을 먼저 결정

② 전란 = 쇼트닝×1.1

③ 우유 = 설탕+30+(코코아×1.5)－전란

④ 천연코코아 사용 : 탄산수소나트륨(중조) = 천연코코아×7%

　# 더치코코아(가공코코아) 사용 시 탄산수소나트륨을 사용하지 않음

4) 초콜릿 케이크(Chocolate Cake)

(1) 배합률 작성 요령

① 설탕, 쇼트닝, 초콜릿 사용량 먼저 결정

② 전란 = 쇼트닝×1.1

③ 우유 = 설탕+30+(코코아×1.5)－전란

④ 탈지분유 : 변화

⑤ 초콜릿에 들어 있는 코코아버터는 유화쇼트닝의 1/2 효과를 낸다.

∴ 원래 유화쇼트닝 사용량－(코코아버터×1/2)로 조정

2. 파운드 케이크(Pound Cake)

(1) 배합표

밀가루 100% : 설탕 100% : 달걀 100% : 유지 100%

(2) 제조방법

① 반죽법은 크림법, 블렌딩법, 1단계법 중 하나를 사용하여 제조할 수 있다.

② 화학팽창제를 사용하지 않는다.

③ 반죽온도 = 20~24℃, 비중 = 0.8~0.9g/㎤

④ 파운드팬에 기름칠을 하거나 깔판종이를 깔고 팬 용적의 70% 정도로 반죽을 넣는다.

⑤ 굽기 = 윗불 : 180~190℃, 밑불 : 150~160℃에서 굽기

⑥ 마무리 : 노른자(100)에 설탕(40)을 혼합하여 파운드가 뜨거울 때 윗면에 고루 칠한다.

3. 스펀지 케이크(Sponge Cake)

스펀지 케이크는 달걀에 함유된 단백질의 신장성과 변성에 의해 거품을 형성하고 팽창하는 거품류 케이크의 대표적인 제품이다.

(1) 필수재료

박력분(100%), 설탕(166%), 달걀(166%), 소금(2%)

(일반적으로 설탕을 줄일 경우 수분을 줄여야 하며 이는 달걀양의 조절로 가능하나 달걀 고형질의 감소는 구조의 약화를 유발한다.)

(2) 제조방법

공립법, 별립법, 1단계법을 사용할 수 있다.

4. 젤리롤 케이크(Jelly Roll Cake)

스펀지 케이크 배합을 기본으로 하여 말기를 할 때 윗면이 터지지 않아야 하므로 스펀지 케이크보다 수분이 많아야 한다.

1) 롤 케이크를 말 때 표면이 터지는 결점에 대한 조치

① 설탕의 일부를 물엿으로 대치
② 팽창제 사용감소
③ 배합에 덱스트린 사용
④ 노른자의 비율을 줄이고 전란의 사용 증가
⑤ 오버베이킹 방지
⑥ 비중이 너무 높지 않도록 조절
⑦ 반죽온도가 너무 높지 않게 조절

5. 엔젤푸드 케이크(Angel Food Cake)

(1) 필수재료

흰자(40~50%), 설탕(30~42%), 주석산크림(0.5~0.625%), 박력분(15~18%), 소금(0.375~0.5%)

(2) 배합표 작성

① 흰자 사용량 결정 = 고수분 제품 희망 시 흰자 사용량 증가

② 밀가루 사용량 결정

③ 주석산크림+소금 = 1(흰자가 많을 때 주석산크림도 증가)

④ 설탕 = 100−(흰자+밀가루+1)

⑤ 1단계 설탕 = 전체 설탕×2/3→입상 설탕으로 머랭 제조 시 사용

⑥ 2단계 설탕 = 전체 설탕×1/3 → 분당으로 밀가루와 함께 사용

(3) 머랭에 주석산 사용목적

① 흰자의 알칼리성을 중화시키기 위해

② 머랭을 더 튼튼하게 하기 위해

③ 색깔을 밝고 희게 하기 위해서

6. 퍼프 페이스트리(Puff Pastry)

(1) 기본 배합표

재 료	비율(%)	설명
강력분	100	• 양질의 강력분 사용
유지	100	• 본반죽용과 충전용으로 분리 • 본반죽에 20% 사용하며 충전용은 80%를 사용 • 충전용 유지는 가소성 범위가 넓고 신장성이 좋아야 한다.
냉수	50	• 반죽온도 20℃를 만들기 위함
소금	1~3	• 가염유지 사용 시 소금은 감소

(2) 반죽제조법

① 스코틀랜드식 : 유지를 호두크기로 자르면서 밀가루와 섞고 물을 넣어 반죽

② 일반법 : 밀가루에 일부의 유지와 전 재료를 넣어 반죽하고 여기에 충전용 유지를 도
포하여 접고 밀어펴기

③ 냉장 휴지의 목적 : 수화(水化)와 글루텐을 안정시키고 반죽과 유지의 경도를 조절

하고 층 형성과 밀어펴기를 용이하게 하기 위함

④ 두께를 균일하게 밀어펴야 균일한 완제품을 만들 수 있다.

⑤ 모서리는 직각으로 되게 밀어펴야 파치를 최소화할 수 있다.

⑥ 반복(3×3 또는 3×4 등에 따라 변화)

⑦ 정형 : 예리한 도구 칼이나 도르래 칼로 재단

⑧ 굽기 : 200~210℃(크기에 따라 조정)

- 낮은 온도 : 반죽층의 유지가 녹아내려 작은 부피의 저품질이 나온다.
- 높은 온도 : 절단면을 너무 빨리 막아 부피가 작아지고 속이 익지 않는다.

7. 파이(Pie)

파이 껍질에 사용하는 유지는 가소성이 넓어야 하며 유지는 용도에 따라 가감하여 사용한다.

① 파이 껍질을 진하게 하는 재료 : 설탕, 분유, 중조, 달걀물칠

② 충전물 농후화제 : 옥수수전분, 감자전분, 쌀전분 등

③ 과일충전물이 끓어 넘치는 이유 : 부적당한 배합의 충전물, 낮은 오븐온도, 높은 충전물 온도, 수분 많은 껍질, 얇은 바닥 껍질, 구멍 없는 뚜껑, 바닥 껍질과 윗껍질이 잘 봉해지지 않았을 때

※ 껍질의 결 길이

- 유지입자가 호두알 크기로 밀가루와 혼합→긴 결
- 유지입자가 콩알 크기로 밀가루와 혼합→중간 길이의 결
- 유지입자가 미세한 크기로 밀가루와 혼합→가루 모양(결이 없음)

8. 슈 크림(Choux Cream)

※ 굽기 시 주의사항

① 굽기 전 침지 또는 물을 충분히 분무한다.

② 초기에는 아랫불을 강하게 하고 윗불이 너무 높지 않게 한다.

③ 표피가 갈라지고 밝은 갈색이 나면 아랫불을 줄이고 말려준다.

④ 굽는 동안 문을 자주 여닫지 않는다.

9. 쿠키(Cookies)

일반적으로 소프트한 고급품의 쿠키, 일반적으로 하드한 제품을 비스킷으로 부른다.

1) 분류

(1) 반죽형 쿠키

① 드롭쿠키 : 반죽형 쿠키 중 수분함량이 가장 많은 제품으로 제품이 부드럽다.

② 스냅쿠키 : 밀어펴는 쿠키로 액체사용량이 적으므로 달걀 사용량을 줄여야 한다.

③ 쇼트브레드쿠키 : 쇼트닝함량이 많으며 스냅쿠키와 비슷하다.

(2) 거품형 쿠키

① 머랭쿠키 : 낮은 온도에서 굽는다.

② 스펀지쿠키 : 밀가루 사용량이 많다는 점 이외는 스펀지 케이크와 비슷한 배합이다.

10. 도넛(Doughnuts)

1) 도넛재료

(1) 소맥분

도넛의 종류에 따라 올바르게 사용해야 하며 강력분은 기름을 적게 흡수하고 박력분은 기름을 많이 흡수한다.

(2) 설탕

껍질색을 개선하고 수분 보유력으로 노화를 억제하는데 되도록이면 입자가 작은 설탕을 사용한다.

(3) 쇼트닝

쇼트닝은 용적부피 증대, 조직과 전분의 균일화, 부드러운 촉감, 향과 맛이 좋아지고 저장성을 증대시키는 효과가 있다.

(4) 달걀

영양강화의 목적으로 사용한다. 흰자는 제품을 단단하게 하고 노른자는 맛을 돋우고 색을 좋게 하며 보존성과 유연성을 준다.

(5) 소금

소금은 미각의 조화를 이루고 맛을 증가시킨다. 특히 설탕의 맛을 조절한다.

(6) 분유

젖당이 껍질색을 개선하고 제품의 구조형성을 돕는다.

(7) 팽창제

베이킹파우더나 탄산수소나트륨을 사용한다.

(8) 향신료

도넛에는 제과용이나 제빵용 향료와 동일한 것을 사용하며, 바닐라에센스, 바닐라오일, 레몬오일 등을 주로 사용한다. 그 외 너트메그와 메이스가 많이 사용된다.

2) 도넛의 부위별 특성

(1) 껍질

대부분의 수분이 손실된 곳으로 기름이 많고 바삭거린다.

(2) 안쪽 부분

케이크와 유사한 조직. 팽창이 일어나고 전분도 호화되기에 충분한 열을 받는다.

(3) 속부분

조직이 치밀하며 수분함량이 많다.

제빵

제1절 제빵의 원료 및 기능

1) 밀가루

① 밀가루의 제빵성은 글루텐의 양과 질에 의해 좌우된다.

② 글리아딘(점성)＋글루테닌(탄성)＋물 ⇒ 글루텐(Gluten) 점탄성

③ 발효 시 생성된 탄산가스는 망상구조의 얇은 글루텐벽에 붙어 구울 때 팽창하여 해면상의 조직을 형성한다.

2) 식염

① 설탕의 감미와 작용하여 풍미를 높여준다.

② 이스트 발효 중 잡균의 번식을 억제하며 향을 좋게 한다.

③ 반죽의 물리성을 좋게 한다.

3) 이스트

① 팽창작용(CO_2 발생)

② 향기성분의 생성(알코올 및 유기산)

③ 반죽 물리성의 변화(숙성)

4) 유지

① 반죽의 가공성을 개선하고 껍질을 얇고 부드럽게 한다.

② 내상을 균일하고 조밀하게 하며 광택을 낸다.

③ 빵의 수분증발을 억제하고 노화를 지연시킨다.

④ 유지의 독특한 맛과 향, 풍미를 더해준다.

⑤ 영양가를 높이고 작업성을 좋게 한다.

5) 이스트푸드(제빵개량제)

① 반죽의 pH를 조정(산성인산칼슘)

② 이스트의 영양공급(질소원)

③ 반죽의 물리적 조절(산화제, 효소제)

④ 물의 경도조절(황산칼슘)

6) 설탕

① 이스트의 발효원과 삼투압에 의한 발효 억제

② 맛의 향상, 식감 향상, 껍질색 향상, 노화 지연

③ 반죽을 부드럽게 하고 유연성 증대

④ 흡수율 감소, 믹싱시간이 길어짐

7) 달걀

① 영양가 및 풍미 부여

② 레시틴의 유화작용에 의해 유연성 부여

③ 껍질색과 속색의 개선

④ 수분 공급

8) 유제품(우유 및 분유)

① 영양가, 맛과 향의 향상
② 발효내성 향상과 유당에 의해 껍질색 개선
③ 기공 개선과 부피 증가

9) 물

① 반죽되기 및 온도 조절
② 재료의 균일한 분산 및 수화
③ 전분의 수화 및 팽윤
④ 글루텐 형성

제2절 빵의 제법

1) 스트레이트법(Straight Dough Method)

모든 재료를 믹서에 넣고 한번에 반죽하는 제빵법이다.

(1) 기본공정

① 믹싱 : 제품의 종류, 믹서의 성능 및 밀가루 단백질 함량 등에 따라 다르다.
   (반죽온도 : 27~28℃)
② 1차 발효
   • 온도 : 27~28℃, 상대습도 : 75~80% 정도
③ 성형 : 분할→둥글리기→중간발효→정형→팬닝
④ 2차 발효
   • 온도 : 35~43℃, 상대습도 : 80~90%
⑤ 굽기 : 온도 190~210℃ 범위로 한다.

⑥ 냉각 및 포장

(2) 스펀지법과 비교한 스트레이트법의 장·단점

① 장점
- 공정시간이 감소한다.
- 노동력, 전력 및 설비가 감소한다.
- 발효손실이 감소한다.
- 수분 흡수가 좋다.
- 풍미가 좋다.

② 단점
- 발효가 지나치기 쉽다.
- 잘못된 공정을 수정하기 어렵다.
- 기계에 대한 적성이 나쁘다.
- 제품의 노화가 빠르다.

2) 스펀지법(Sponge and Dough Method)

1950년대 미국에서 시작된 제법으로 밀가루 일부와 이스트, 물, 기타 부재료를 넣어 중종(Sponge)을 만들어 최소 2시간 이상 발효 후 다시 나머지 부원료를 넣어 재믹싱하여 본종(Dough)을 만드는 제법

(1) 기본 공정

① 스펀지 반죽
- 믹싱시간 : 4~6분
- 반죽온도 : 23~26℃ (기준 24℃)

② 스펀지 발효
- 발효시간 : 3~4.5시간, 발효온도 : 27℃, 상대습도 : 75~80%

③ 발효점 측정법
- 반죽의 온도는 24℃에서 29.5℃ 전까지 상승한다.

- 발효기간 : 4~6시간 정도가 적당하다.
- 부피 증가 : 처음 부피의 4~5배 증가한다.
- 반죽표면의 변화

  반죽 pH 변화 : 5.5~5.7에서 시작하여 종료 시 4.7~4.8 정도가 된다.
④ 스트레이트법과 비교한 스펀지법의 장 · 단점
  ㉠ 장점
- 발효에 대한 내구력이 좋고 부피가 증가한다.
- 노화가 느리다.
- 빵내상의 조직이 좋다.
- 발효향이 증가된다.
- 이스트 사용량이 20% 감소된다.
  ㉡ 단점
- 믹싱오버되기 쉽다(믹싱 내구력 감소).
- 기계, 설비가 증가된다.
- 인력이 증가한다.
- 발효 손실이 증가한다.
- 반죽의 물 흡수가 감소한다.

3) 오버 나이트 스펀지(Over Night Sponge)

(1) 장점

① 노화 지연으로 저장성이 높다.
② 저녁시간 이용으로 작업의 편리성이 있다.
③ 강한 발효향으로 저배합제품에 적합하다.

(2) 단점

① 작업공정시간이 너무 길다.
② 발효손실이 크다.

③ 탄력적인 생산계획을 세울 수가 없다.

4) 액체 발효법(Liquid Fermentation System)

액체 매체를 통해 발효시키는 방법으로 액종법이라고도 하며, 분유를 완충제로 사용하여 발효를 안정시키는 제법

(1) 기존 공정

계량→액종제조→액종발효→본종믹싱→이하 직접반죽법과 동일

①장점

- 공간과 설비 감소, 균일한 제품생산, 발효 손실 감소
- 내구력이 약한 밀가루의 사용이 가능하다.
- 직접반죽법보다 제품이 부드럽다.

②단점

- 특히 0% 밀가루 액종법에는 산화제가 필요하다.
- 기계발전 감소로 환원제가 필요하다.
- 대형설비에 따른 위생설비의 문제점
- 발효액 관리가 엄격해야 함

5) 연속식 제빵법(Continuous Dough Miming System)

밀폐된 발효실에서 계속 생산된 발효액과 각 재료를 예비혼합기에 혼합하고 디벨로퍼에서 최종반죽이 이루어져 분할, 둥글리기, 중간발효, 성형작업이 생략되며, 분할기에서 팬닝되어 2차 발효를 거쳐 구워지는 원로프 식빵 생산에 이용되는 방법이다(대량생산에 적합한 제법이다).

(1) 장점

① 반죽기, 발효실, 분할기, 둥글리기 등 별도의 생산설비가 생략되므로 설비가 감소된다.
② 분할이 정확하고 발효손실이 적어 재료손실이 감소된다.

(2) 단점

① 초기 시설투자비용이 많이 든다.

6) 냉동 반죽법(Frozen Dough)

반죽을 제빵 공정 중에 동결저장한 것으로 1차 발효 후 분할, 둥글리기한 후 급속냉동하거나 성형까지 완료하여 급속냉동하여 -18~-25℃에서 보관하면서 필요 시 해동하여 2차 발효 후 구워서 제품을 완성한다.

(1) 장점

① 야간작업, 휴일작업 대체
② 소비자에게 신선한 빵을 제공하며 다품종 소량생산이 가능하다.
③ 부피가 작고 단단하므로 운반이 용이하다.
④ 설비 및 면적이 감소하고 인력난을 해소할 수 있다.

(2) 단점

① 냉동 중 이스트 사멸로 가스발생력이 저하된다.
② 냉동 저장의 시설비가 증가하고 제품의 노화가 빠르다.

7) 비상 반죽법(Emergency Dough)

(1) 사용 이유

① 기계의 고장으로 시간단축이 필요할 때
② 공정상 실수로 작업에 차질이 있을 때
③ 늦은 주문으로 시간이 부족할 때
④ 작업교대를 위해 짧은 시간에 생산할 때

(2) 스트레이트반죽을 비상반죽으로 변경하는 방법

① 필수조치

- 반죽온도 상승으로 흡수율 1% 증가
- 이스트를 최대 2배까지 사용
- 껍질색 조절을 위해 설탕 사용량 1% 감소
- 반죽온도 30℃로 증가
- 믹싱시간 20~25% 증가
- 1차 발효 시간은 최저 15~30분

② 선택적 조치사항

- 발효를 억제하는 소금량은 최소 1.75% 사용
- 완충작용에 따라 발효속도가 늦어지므로 분유의 사용량을 1% 정도 감소
- 이스트푸드 사용량 증가
- 젖산 또는 초산을 0.5~1.0% 사용

③ 장점

- 공정시간이 짧으므로 생산비용이 절약된다.
- 갑작스런 주문에 대처할 수 있다.

④ 단점

- 제품의 모양과 크기가 불규칙하고 제품에서 이스트 냄새가 난다.
- 제품의 노화가 빠르다.

8) 찰리우드법(Charleywood Bread Process)

① 반죽시간이 짧고 제조시간이 단축된다.
② 빠른 반죽속도로 인한 손상 전분의 증가로 흡수율이 증가된다.
③ 산화제로 아스코르빈산을 사용한다.
④ 융점이 높은 유지를 사용하고 반죽온도를 30℃로 한다.

9) 재반죽법(Remixed Straight)

스트레이트법의 변형 반죽법

(1) 장점

① 공정시간이 단축되고 반죽의 기계적성이 좋다.
② 향과 풍미가 좋다.
③ 균일한 제품으로 식감이 좋다.
④ 색상이 좋다.

10) 노타임법(No Time Dough)

무발효 반죽법으로 제조공정이 짧으며 산화제, 환원제를 사용한다.

(1) 장점

① 공정이 짧아 시간이 절약되고 스펀지 믹서, 발효실 등 설비가 감소한다.
② 발효손실이 적고 반죽 수율이 증가한다.

(2) 단점

① 제품에 광택이 없고 발효향이 결핍된 제품이 생산된다.
② 제품 노화가 빠르다.

제3절 **제빵 순서(스트레이트법 기준)**

1. 배합표 작성

일반적으로 사용되는 퍼센트(%)는 전체를 100으로 보고 각각 차지하는 비율로 나타내는

T%(True%)인데 제과 · 제빵에서는 밀가루 100을 기준으로 하는 B%(Baker's%)를 사용한다.

2. 반죽

① 재료의 균일한 혼합 · 분산
② 밀가루 수화의 진행과 글루텐 결합의 발전
③ 글루텐의 숙성−반죽의 가소성, 탄력성, 점성을 최적상태로 만든다.

(1) 믹싱단계

① 혼합단계(Pick up stage) : 원료의 혼합단계로 통상 저속 믹싱하며 반죽상태는 진흙과 같은 상태이다.

② 클린업단계(Clean up stage) : 반죽이 한 덩어리로 뭉치는 단계로 믹서볼에서 반죽이 떨어져 볼(bowl) 벽이 깨끗하게 된다. 글루텐의 결합이 시작된다.

③ 발전단계(Development stage) : 글루텐의 신장성과 결합이 진행되는 단계이며 탄력성이 최대이고 이때 믹서의 최대 에너지가 요구된다.

④ 최종단계(Final stage) : 글루텐이 결합하는 마지막 시기이며 탄력성이 감소하고 신장성이 급증한다. 반죽이 볼(bowl)을 치는 소리가 예리하다.

⑤ 렛다운단계(Let down stage) : 글루텐이 결합함과 동시에 다른 한쪽이 끊기며 반죽의 상태는 탄력성이 전혀 없고 신장성이 매우 커서 흘러내리는 느낌이 강하다. 이 단계를 오버믹싱단계라고 한다.

⑥ 파괴단계(Break down stage) : 글루텐이 더 이상 결합하지 못하고 끊기기만 하는 단계로 신장성과 탄력성이 없으며 이런 반죽의 제품은 오븐스프링이 거의 없고 표피, 내상이 거칠다.

3. 1차 발효

빵의 향과 맛의 원천은 발효이다. 발효란 미생물 또는 효소작용에 의해 일어나는 생물학적 변화를 말한다. 빵발효에 있어서는 당분이 효모의 Zymase의 작용으로 알코올과 탄산가스로 분해되는 혐기적 전환을 말한다.

$$반응식 : C_6H_{12}O_6 \quad \rightarrow \quad 2CO_2 \quad + \quad 2C_2H_5OH$$
$$(포도당) \qquad (이산화탄소) \qquad (알코올)$$

1) 발효의 목적

① 생지 중에 발효생물을 추적하여 최종제품에 풍미, 향 등을 부여한다.
② 생지를 유연하고 신장성을 가시도록 변화시킨다.
③ 발효 중 산화를 진전시켜 가스 보유력을 강화시킨다.

2) 발효 중에 일어나는 생화학적 변화

반죽
— 단백질(Protease)→아미노산(당)→메일라드반응(풍미)
— 설탕(Invertase)→포도당+과당(Zymase)→CO_2+$2C_2H_5OH$
— 전분(Amylase)→맥아당, 덱스트린(maktase)→
　　　　　　포도당+포도당→CO_2+C_2H_5OH
— 분유(Lactase)→유당(잔당)→캐러멜화

3) 발효에 영향을 주는 요소

① 이스트의 양과 질 : 이스트의 양과 가스 발생력은 비례하나, 이스트의 양과 발효시간 은 반비례한다.
② 반죽온도 0.5℃ 상승 시 15분 단축된다.
③ 소금 1%, 설탕 5% 이상 사용 시 발효가 저해된다.

4) 발효 완료점

① 처음부피의 3~3.5배
② 손가락으로 반죽을 눌러보아 반죽이 올라오지 않고 그대로 손가락 자국이 남는다.
③ 반죽 옆면을 들어보았을 때 섬유질 생성을 확인한다.

4. 성형

성형은 발효된 반죽을 미리 정한 크기로 나누어 원하는 모양을 만드는 과정이다.

1) 분할

미리 정한 일정한 무게로 나누는 일로 수동분할과 기계분할이 있다.

2) 둥글리기

목적 : 자른 면의 점착성을 감소시켜 표피를 형성하여 탄력 유지
글루텐 구조의 재정돈과 가스 보유력 유지

3) 중간발효

① 조건 : 온도 27~29℃, 습도 75%, 시간 10~20분
② 목적 : 가스발생으로 반죽의 유연성 회복과 엷은 피막 형성, 밀어펴기 쉽게 하기 위함

4) 정형

제품에 따라 정형방법이 다르다.
일반적인 방법 : 밀어펴기→말기→봉하기

5) 팬닝

① 스트레이트 팬닝, 교차 팬닝, 트위스트 팬닝, 스파이랄 팬닝
② 팬닝 시 주의점
- 팬의 온도는 32℃가 적당하며 반죽의 이음새가 팬의 바닥 쪽으로 향하게 한다.
- 팬오일은 발연점이 높은 것을 사용하며 과다한 팬오일 사용은 피한다.

5. 2차 발효

1) 목적

반죽을 회복시켜 가스생성, 글루텐 신장성 생성, 최대한 부피를 얻는다(완제품의 70~80%).

2) 발효조건

① 온도 : 33~54 ℃
- 낮을 경우 시간의 지연과 거친 결을 만들고 반죽막이 두껍다.
- 높을 경우 속과 겉의 온도차가 크고 산성을 띠며 잡균이 번식한다.
② 습도 : 80~95 %
- 낮을 경우 마른 껍질 형성과 껍질색이 고르지 않고 제품이 윗면으로 솟는다.
- 높을 경우 수분응축으로 질긴 껍질 형성, 기포형성, 거친 껍질색이 든다.

6. 굽기

굽기는 제빵공정 중 마지막단계로 가장 중요한 공정이다. 식빵은 믹싱에서 굽기까지 직접법의 경우 4시간 30분이 걸리고 이 굽기에 의해서 그대로는 먹을 수 없는 하얗고 촉촉한 가소성 물질인 빵 반죽이 식욕을 돋우는 황금갈색과 가득한 식감을 가진 빵으로 변화한다.

1) 굽기 중의 변화

오븐 팽창, 전분의 호화, 단백질의 변성, 효소 활성, 세포구조 형성, 향의 발달

2) 굽기의 온도와 습도

굽기에는 오븐 내의 온도와 습도의 균형이 중요하며 그것이 잘된 경우

① 반죽 표면을 균일하게 하고 크러스트를 매끄럽게 한다.

② 녹말의 덱스트린화에 따른 크러스트의 광택, 메일라드반응으로 크러스트색을 좋게 한다.

③ 반죽 표면의 피막형성이 늦기 때문에 오븐 스프링이 잘 된다.

④ 열 전달을 보조하며 공기의 원활한 대류, 팽창을 일으킨다.

3) 굽기 단계

① 1단계 : 1분간 4.7℃씩 반죽온도 상승. 이 단계에서 제품 팽창이 최대가 된다.

② 2단계 : 1분간 5.4℃씩 반죽온도가 상승하여 내부온도가 최고 98~99℃ 상승함. 제품 모양이 갖추어지는 단계

③ 3단계 : 옆면을 굳게 하고 최종 껍질색을 낸다.

4) 오븐 스프링(Oven Spring)

본래 크기의 1/3만큼 급격히 부풀어 오르는 것

※ 언더베이킹 : 높은 온도에서 단시간 굽는것을 말하며 굽기 후 제품에 수분이 많다.

※ 오버베이킹 : 낮은 온도에서 장시간 굽는 것을 말하며 굽기 후 제품에 수분이 적다.

7. 냉각 및 포장

① 냉각온도 : 35~40℃, 수분 : 38%

② 냉각방법 : 자연냉각(실온에서 3~4시간), 터널식 냉각, 에어컨디션식 냉각

③ 냉각손실 : 평균 2%(원인은 수분 증발)

④ 포장의 목적 : 저장성 증대, 미생물 오염방지, 상품의 가치 향상

8. 빵의 노화

노화란 호화된 α-전분의 수분이 손실되어 β-전분으로 변하는 현상이다.

(1) 노화상태

① 껍질의 노화 : 껍질로 수분이 이동하여 눅눅해지고 질기고 단단해진다.

② 내부의 노화 : 수분이 증발하여 점점 푸석푸석해지고 탄력성이 줄고 향도 저하된다.

③ 노화 지연방법 : 냉동저장, 유화제인 모노글리세라이드 사용, 철저한 포장관리 및 적정한 공정관리가 필요하다.

제4절 제품별 제빵법

1. 건포도식빵

건포도식빵이란 밀가루 무게에 대해 50% 이상의 건포도를 사용한 제품을 말한다.

(1) 건포도의 전처리

① 건포도에 수분을 흡수시켜 건포도 당분의 손실을 방지한다.

② 빵 내상에서 건포도로 수분흡수를 막아 빵 속이 건조해지는 것을 방지한다.

③ 건포도의 풍미와 맛을 향상시킨다.

④ 수분함량을 25~27%로 높이므로 수율이 증가된다.

(2) 전처리방법

건포도 무게 12% 정도의 27℃ 물로 버무려 4시간 방치하고 중간에 한번 섞어준다.

(3) 공정상 유의점

① 가스빼기는 건포도가 손상되지 않게 느슨하게 한다.
② 표면에 건포도가 나오면 타므로 성형 시 주의한다.
③ 팬에 기름칠을 많이 한다.

(4) 믹싱초기에 투입하여 건포도가 손상될 때 문제점

① 이스트 활력 저하로 발효가 어렵다.
② 제품 내상에 얼룩이 생긴다.
③ 산에 의해 기계적 성형이 어렵다.
④ 껍질색이 어둡게 착색된다.

2. 데니시 페이스트리

(1) 특징

① 가소성이 크고 융점이 높은 유지를 사용한다.
② 미국식은 유럽식보다 유지 사용량이 적다.
③ 구운 후 결이 생기는 제품이다.

(2) 유의점

① 작업장의 온도를 20℃ 정도로 낮게 한다.
② 과량의 덧가루를 사용하지 않는다. 접기 전에 반드시 덧가루를 제거한다.
③ 밀기와 접기 후 매번 냉장 휴지한다.
④ 2차 발효실 온도는 롤인유지 융점보다 5℃ 정도 낮게 한다.

⑤ 지나친 2차 발효는 유지가 녹아 나오며 주저앉기 쉽다.

⑥ 오븐 온도가 너무 낮으면 유지가 녹아 결이 형성되지 않는다.

3. 하스 브레드

프랑스빵처럼 원래 팬 없이 하스(오븐의 바닥 돌판)에 직접 굽는 제품들을 말하며, 빵의 기본재료인 밀가루, 물, 이스트, 소금의 4가지 주재료를 사용한다.

(1) 공정

① 반죽온도는 24℃로 낮게 장시간 발효하며 중간에 펀치해 주는 것이 좋다.

② 믹싱은 발전단계까지 한다.

③ 덧가루는 적게 사용하고 단단히 봉합한다.

④ 굽기 초기에 물을 분무한다.

⑤ 칼로 자른 면은 바르고 일정하게 벌어져야 한다.

⑥ 완제품은 높이와 폭이 균형을 이루어야 한다.

4. 호밀빵

1) 특징

① 호밀가루는 독특한 맛과 조직, 색을 가진다.

② 글리아딘, 펙틴, 펜토산 함량이 많아 믹싱과다 시에는 끈적인다.

③ 구조력 향상과 가스보유력을 높이기 위해 밀가루를 같이 사용한다.

④ 호밀반죽이 빨리 발효되므로 이스트의 사용량을 줄인다.

⑤ 소금 외에 당밀, 유지, 설탕 등을 소량 사용하기도 한다.

2) 공정상 유의점

① 믹싱을 짧게한다.

② 반죽온도가 높으면 끈적거리고 부피가 작다.

③ 성형 시 느슨하게 가스빼기를 한다.

3) 사워(Sour)

(1) 사워의 종류

① 화이트(white)사워

② 다크(dark)사워

(2) 사워의 특징

① 제품의 풍미를 개량한다. 신맛이 증가한다.

② 반죽을 개선하는 효과가 있다. 즉 믹싱과 발효시간이 감소된다.

③ 노화억제와 보존성이 향상된다.

④ 기공이 조밀하고 거칠다.

제5절 제품 평가

1. 외부평가

① 부피 : 반죽 무게에 대한 부피가 너무 크거나 작지 않고 알맞아야 한다.

② 껍질색 : 황금빛 갈색이 고르게 착색되어야 하고 색상이 고르지 못하거나 줄무늬, 반점 등이 없어야 한다. 너무 두껍거나 얇아 벗겨지지 않아야 하며 물집 및 조개껍질 같은 윗면이 형성되지 않아야 한다.

③ 외형의 균형 : 한쪽으로 기울거나 치우침 없이 대칭을 이루고 있어야 한다.

④ 굽기상태 : 너무 타거나 설익은 곳이 없어야 한다.

2. 내부 평가

① 조직 : 조직은 부드럽고 매끈하여 실크를 만질 때의 느낌이 바람직하다.
② 속색상 : 어둡거나 줄무늬가 없이 광택을 지닌 밝은색이 바람직하다.
③ 기공 : 큰 기공, 늘어진 기공, 터진 기공은 바람직하지 않고, 얇은 세포벽으로 고르게
    형성되어야 한다.
④ 향 : 제품 특유의 향이 있으며 탄내나 생재료향이 나지 않으며 온화한 향이 나야 한
    다.
⑤ 맛 : 빵에서 가장 중요한 평가로 제품 고유의 맛이 나야 한다.

제3장 | 재료과학

제1절 **기초과학**

1. 탄수화물(Carbohydrates)

탄수화물은 포도당, 자당, 전분, 섬유소 등으로 자연계에 널리 분포되어 있으며 탄소(C), 수소(H), 산소(O)의 세 가지 원소로 구성된 유기화합물로 지방, 단백질과 함께 3대 영양소를 이루고 있다.

탄수화물은 분자 내에 1개 이상의 OH기와 1개의 카르보닐기를 가지고 있는 것이 특징이며, 포도당과 같은 단당류로부터 다수의 단당류가 결합된 다당류에 이르기까지 방대한 화합물을 포함한다. 탄수화물은 가수분해로 생성된 당 분자 수에 따라 단당류, 소당류, 다당류의 세 종류로 분류한다.

1) 단당류

(1) 포도당

① 6탄당으로 이당류의 구성성분으로 존재한다.
② 과일 특히 포도에 많이 들어 있으며 포유동물의 혈액 내에 0.1% 존재한다.
③ 동물체내의 간장에 글리코겐 형태로 저장된다.
④ 환원당이며 상대적 감미도는 75이다.

⑤ 엽록소의 광합성으로 생성된다.

(2) 과당

① 포도당과 결합하여 자당의 형태로 존재한다.
② 과일이나 꿀 중에 존재하고 단맛이 강하다.
③ 환원당이며 상대적 감미도는 175로 높다.

(3) 갈락토오스

① 젖당의 구성성분. 젖당을 가수분해하면 갈락토오스(Galactose)가 된다.
② 해조류에 많이 들어 있으며 환원당이다.
③ 체내에서 흡수속도가 가장 빠르다.

2) 이당류

단당류 2분자가 화학적으로 결합한 당으로 분자식은 모두 $C_{12}H_{22}O_{11}$이다.

(1) 자당(설탕) → 포도당+과당

① 사탕수수와 사탕무에 존재한다.
② 비환원당이며 상대적 감미도는 100이다.

(2) 유당(젖당) → 포도당+갈락토오스

① 대장 내에서 유산균을 자라게 하여 특유한 맛과 향을 내고, 정장작용을 한다.
② 이스트가 분해시키지 못하는 유일한 당
③ 당류 중 단맛이 가장 약하며 점성은 가장 강함
④ 우유에는 평균 4.8%의 유당을 함유

(3) 맥아당(엿당) → 포도당+포도당

① 식혜의 주성분(엿기름)
② 보리가 적당한 온도와 습도에서 발아할 때 생성

③ 환원당이며 상대적 감미도는 32이다.

3) 다당류의 종류

다당류는 많은 단당류가 축합되어 만들어진 고분자화합물로 전분, 셀룰로오스, 펙틴, 한천 등이 다당류에 속한다.

(1) 전분

전분입자는 아밀로오스와 아밀로펙틴의 분절이 서로 평행한 곳에 수소결합에 의한 결정의 덩어리 또는 미셀(Micelles)을 형성하여 이 미셀이 서로 입자를 끌어당겨서 결정형이 되게 한다.

전분에는 아밀로오스와 아밀로펙틴의 2가지 기본 형태가 있으며 보통의 곡물은 아밀로오스가 17~28%이고 나머지는 아밀로펙틴으로 되어 있다.

(2) 셀룰로오스

불용성 식이섬유로 배변을 도와주며 사람에게는 소화효소가 존재하지 않는다.

(3) 글리코겐

동물의 저장 탄수화물로 간장, 근육에 존재하며 무정형의 분말로 무미, 무취이다.

(4) 이눌린

돼지감자, 달리아 뿌리 등에 존재하며 사람에게는 소화효소가 존재하지 않는다.

(5) 한천

우뭇가사리에 존재하며 고온에 강하고 겔 형성 능력이 강하다.

2. 유지(Fat & Oil)

유지는 매우 중요한 유기화합물의 하나로 물에 불용성이며 글리세린과 고급지방산의 에스테르결합이며, 화학적으로는 트리글리세라이드라 한다.

1) 지방산과 글리세린

지방산(Fatty acid)은 지방 전체의 94~96%를 구성하고 있으며 한 개의 카르복실기(-COOH)가 붙어 있는 탄화수소 사슬의 지방족 화합물이다. 주 구성원은 탄소(C), 산소(O), 수소(H)이다.

(1) 포화지방산

① 이중결합이 없다.
② 동물성 기름에 많이 들어 있다.
③ 탄소원자 수가 증가함에 따라 융점과 비점이 높아진다.
④ 대표적인 포화지방산은 팔미트산(라드), 스테아르산(천연 동·식물유)이다.

(2) 불포화지방산

① 이중결합이 있다.
② 식물성 기름에 많이 들어 있다.
③ 이중결합 수가 많을수록, 탄소수가 적을수록 융점이 낮아진다.
④ 올레인산, 리놀레산, 리놀렌산

(3) 글리세린

글리세롤(glycerol)이라고도 하며 무색, 무취, 감미를 가진 시럽과 같은 액체로 비중은 물보다 크다. 수분보유력이 커서 식품의 보습제로 사용한다.

2) 지방의 종류

(1) 우유지방

전체적으로 포화지방산이 57.5%로 우위에 있으나 불포화지방산인 올레인산이 제일 많고 팔미틴, 스테아린산 순이다. 특히 유지방에는 뷰티르산이 다른 어떤 지방보다도 많이 들어 있다.

(2) 라드

돼지의 부위에 따라 정제방법에 따라 등급이 매겨진다.

(3) 코코넛유와 야자유

코코넛유와 야자유는 지방산 조성이 유사하며 융점은 24~27℃로 가소성 범위가 좁아서 온도를 높일 때 갑자기 액화하는 경향이 있다.

(4) 코코아버터

코코아버터는 고체상태에서 느끼한 기름기가 없고 인체 온도에서 녹기 때문에 코코아분말과 혼합하여 초콜릿 코팅에 사용한다.

(5) 대두유

리놀레인산 계열의 기름으로 경화 쇼트닝과 마가린 제조에 널리 사용된다.

3) 지방의 화학적 반응

(1) 가수분해

유지는 물의 존재하에 가수분해되면 모노글리세라이드, 디글리세라이드와 같은 중간산물을 생성하고 결국 지방산과 글리세린이 된다. 가수분해는 온도의 상승으로 가속되며 가수분해에 의해 생성된 유리지방산의 함량이 높아지면 튀김기름은 거품이 많아지고, 발연점이 낮아진다.

(2) 산화

유지가 대기 중의 산소와 반응하여 산패되는 것을 자가산화라 하며 이중결합을 2개 이상 가진 고도의 불포화지방산을 많이 함유하고 있는 유지가 산화를 쉽게 일으킨다.

식품 중의 산화를 가속시키는 요소로 산소량, 이중결합 수, 온도, 자외선, 금속(구리) 등이 있다.

(3) 기능적 요소

① 쇼트닝가 : 빵, 과자 제품의 부드러움을 나타내는 수치이다.

② 크림가 : 유지가 믹싱 조작 중 공기를 포집하는 능력. 크림법을 사용하는 케이크 크림제조에 중요한 기능을 한다.

③ 유화가 : 유지가 물을 흡수하여 보유하는 능력을 말한다. 쇼트닝은 자기 무게의 100~400%를 흡수하며 많은 유지와 액체 재료를 사용하는 제품에 중요한 기능을 한다.

3. 단백질(Proteins)

단백질은 50~55%의 탄소, 19~24%의 산소와 15~18%의 질소 외에 수소로 구성되는데, 일반식품은 질소를 정량(16%)화하여 6.25의 단백계수(질소계수)를 곱한 것을 단백질 함량으로 하고 밀의 경우에만 5.7을 곱하여 단백질 함량으로 한다.

1) 단백질의 구조

(1) 기본구조

단백질을 가수분해하면 알파아미노산이 되는데 이것이 단백질을 구성하는 기본단위이며 아미노 그룹(-NH)과 카르복실기(-COOH) 그룹을 함유하는 유기산으로 카르복실기 그룹에 있는 첫 번째 원소인 알파 탄소에 아미노 그룹이 붙어 있다. 아미노산은 염기와 산의 특성을 함께 지닌 양성적인 염기성이다.

(2) 아미노산의 분류

① 중성 아미노산 : 아미노 그룹과 카르복실기 그룹을 각각 1개씩 가지고 있다.

② 산성 아미노산 : 1개의 아미노 그룹과 2개의 카르복실기 그룹을 가지고 있고 약산의 성질을 띤다.

③ 염기성 아미노산 : 2개의 아미노 그룹과 카르복실기 그룹 1개를 가지고 있고 약염기의 성질을 띤다.

④ 황 함유 아미노산 : 시스틴, 시스테인, 메티오닌

2) 단백질의 분류

단백질은 생물학적 방법으로 식물성과 동물성 단백질로 나누나 화학적 성질에 따라 단순 단백질, 복합 단백질, 유도 단백질로 분류한다.

(1) 단순 단백질

① 알부민 : 흰자(오브알부민), 우유(락토알부민), 근육(미오겐)
  • 콘알부민 : 항세균물질
② 글로불린 : 근육(미오신), 달걀(라이소자임), 우유(락토글로불린), 대두(글리신)
③ 글루테닌 : 곡식의 낟알에만 존재하며, 밀의 '글루테닌'이 대표적이다. 쌀(오리제닌), 보리(호르데닌), 밀(글루테닌)
④ 히스톤 : 동물의 세포에만 존재하며 핵단백질, 헤모글로빈을 만든다.
⑤ 알부미노이드 : 동물의 결체조직인 인대, 피부(콜라겐), 발굽 등에 존재하며 가수분해하면 콜라겐과 케라틴으로 나뉜다.

(2) 복합 단백질

① 핵단백질 : 세포 핵을 구성하는 단백질이다. RNA와 DNA와 결합하며 동·식물의 세포에 존재한다.
② 당단백질 : 탄수화물과 단백질이 결합된 화합물로 동물의 타액, 소화액(뮤신)과 난백(오브뮤코이드)이 여기에 속한다.

③ 인단백질 : 유기인과 단백질이 결합되어 있으며 우유(카세인), 노른자(오보비텔린) 와 같은 동물성 단백질

④ 색소 단백질 : 단순 단백질과 색소가 결합되어 있으며 혈액(헤모글로빈), 근육(미오 글로빈), 녹색잎(필로클로린) 등이 있다.

(3) 유도 단백질

이 물질은 효소나 산, 알칼리, 열 등 적절한 작용제에 의한 분해로 얻어지는 단백질의 제1차, 제2차 분해물을 말하며 그 종류로는 젤라틴, 메타프로테인, 펩톤, 펩티드가 있다.

4. 효소(Enzyme)

효소는 단백질로 구성되어 있으며 가열에 의해 응고되어 그 성질이 상실된다. 영양소는 아니나 생체촉매로 생체의 분해와 합성에 중요한 역할을 한다.

1) 작용기질의 특이성

(1) 탄수화물 분해효소

① 셀룰라아제 : 섬유소(셀룰로오스)를 분해하는 효소

② 이눌라아제 : 돼지감자 등에 있는 이눌린을 과당으로 분해하는 효소

③ 아밀라아제
  - α-아밀라아제(내부효소, 액화효소)
  - β-아밀라아제(외부효소, 당화효소)

④ 인베르타아제 : 설탕을 과당과 포도당으로 분해

⑤ 말타아제 : 맥아당을 포도당 2분자로 분해

⑥ 락타아제 : 유당을 포도당과 갈락토오스로 분해

(2) 단백질 분해효소

단백질 분해효소의 총칭으로 프로테아제라 하며 분해 시 아미노산을 생성한다.

    ① 펩신 : 위액에 존재

    ② 트립신 : 췌액에 존재

    ③ 레닌 : 반추동물의 네 번째 위에 존재. 치즈에 이용

    ④ 프로테아제 : 밀가루, 발아 중의 곡식, 곰팡이류에 존재

(3) 지방 분해효소

    ① 리파아제 : 지방을 지방산과 글리세롤로 분해

    ② 스테압신 : 췌액에 존재

2) 효소반응에 영향을 주는 인자

(1) 선택성

효소는 어느 특정한 기질만 공격할 수 있으며 그 외의 부분에는 영향을 미치지 못한다.

(2) 온도

효소는 일종의 단백질로, 열에 의해 변성하여 원래의 성질로 회복하지 못한다. 적정온도 범위에서 온도가 10℃ 오름에 따라 효소의 활성이 2배로 증가하고, 이 범위를 벗어나면 활력이 줄거나 불활성되기도 한다.

(3) pH

pH가 달라지면 효소의 활성화는 달라진다. 효소에 따라 최적 pH가 크게 다르지만 대개 pH 4.5~8.0의 범위이다.

제2절 밀가루(Flours)

밀가루는 모든 빵, 제과류의 주요성분으로 반죽에 미치는 영향이 큰 원재료이다. 이는 밀에 함유되어 있는 독특한 단백질들이 구조가 팽창에 강한 특성을 보여주기 때문이다.

1. 밀알의 구조

① 껍질층(13~15%) : 영양학적으로 소화되지 않는 셀룰로오스를 함유하며 두께는 67
   ~70.4μ이다.
② 배아(2~2.5%) : 9.4%의 지방이 들어 있는데 97%는 비극성지방이고 나머지 3%가 인
   지질, 당지질, 지단백질 등 극성지방이다.
③ 내배부(83~85%) : 밀 대부분의 전분과 약간의 단백질을 포함한다.

2. 밀가루의 종류

밀가루는 단백질 함량(건조글루텐)에 따라 강력분, 중력분, 박력분으로 분류한다.
① 제빵용 : 경질소맥을 제분해서 얻은 강력분을 사용한다. 단백질 함량은 12~14%로
   최소 10.5% 이상인 밀가루 회분은 0.4~0.5%가 바람직하다.
② 제과용 : 연질 소맥분을 제분해서 얻는 박력분으로 평균 7~9%의 단백질과 0.4% 이
   하의 회분이 함유된 것이 좋다.
③ 제면용 : 중력분을 사용하며 단백질 함량은 9~10% 정도이다.

3. 제분

제분의 목적은 내배유 부분으로부터 껍질부위와 배아부위를 분리하는 것이다. 내배유 부위의 전분이 손상되지 않게 가능한 고운 밀가루의 수율을 높이는 것이다.

- 제분율 : 밀을 제분하여 밀가루를 만들 때 밀에 대한 밀가루의 양을 백분율로 나타낸 것이다. 즉 100g의 밀을 제분하여 70g의 밀가루를 얻었다면 제분율은 70%가 된다.

4. 밀가루의 성분

탄수화물(65~78%), 단백질(6~15%), 지질(2~2.5%), 회분(1% 이하), 수분(13~14%) 등으로 구성

1) 탄수화물

① 전분, 덱스트린, 셀룰로오스, 당류, 펜토산이 존재한다.
② 밀가루 중량의 70%를 차지한다.
③ 손상된 전분 : 제분공정에서 밀알이 분쇄될 때 전립분이 기계적으로 절단·파쇄되어 전분입자가 손상을 받은 상태로 제빵 적성에 적합한 손상전분 함량은 4.5~8% 정도
④ 펜토산은 밀에 8~9% 함유하고 있지만 밀가루에는 2~3%가 남는다. 이 중 20~25%는 수용성으로 산화제 작용으로 점성을 띠는 불가역적 교질이 되며 나머지 불용성 펜토산은 밀가루의 흡수율을 증가시킨다.

2) 단백질

(1) 글루텐 형성단백질

① 글리아딘(36%) : 반죽의 신장성과 점착성에 영향을 주며 중성용매에서도 용해되지 않음
② 글루테닌(20%) : 반죽의 탄력성에 영향을 주며, 물에는 녹지 않으나 70% 알코올에는

용해됨

③ 메소닌(17%)

④ 알부민, 글로불린(7%)

- 젖은 글루텐(%) = [젖은 글루텐 중량(g)÷밀가루 중량(g)]×100
- 건조 글루텐(%) = 젖은 글루텐 함량(%)÷3

3) 지방

지방과 그 유사물질은 밀 전체의 2~4%, 배아에는 8~15%, 껍질에는 6% 정도가 함유. 지방 함량이 높으면 산패되기 쉬워 저장성이 떨어진다. 지방산의 97% 이상이 리놀레산, 팔미트산, 올레인산, 리놀렌산으로 포화지방산은 팔미트산이 들어 있다.

4) 회분(광물질)

① 밀 생산의 토양, 강우량, 기후조건과 밀품종에 따라 대개 전체의 1~2%를 차지하며 부위별로 큰 차이가 있어 내배유 부위에는 0.28%~0.39%, 껍질부위에는 20배가 되는 5.5~8.0%가 함유된다.

② 밀가루 회분은 껍질 부위가 적을수록 함량이 적다(제분율과 밀의 회분량은 정비례).

5. 밀가루의 표백, 숙성과 개량제

(1) 표백

제분 직후 밀가루는 특유의 노란색이 존재하여 색상이 미색이다. 그래서 색소물질인 카로티노이드계에 속하는 황색색소를 제거하는 것이 표백이다. 산소, 과산화벤조일, 이산화염소가 대표적인 표백제이다.

(2) 숙성

밀은 제분에 의해 전분입자가 파괴되어 불안정한 상태가 되어 제빵성이 떨어진다. 그래서 일정 기간 두어 밀가루의 성질을 안정시켜 반죽의 탄력을 증가시킨다. 대표적인 숙성제는 산소, 브롬산칼륨, 비타민 C, 염소가스

　※ 포장된 밀가루의 숙성조건

　　24~27℃의 통풍이 잘되는 저장실에서 3~4주 동안

(3) 밀가루 개량제

① 브롬산칼륨, 아조다이카본아마이드, 비타민 C와 같이 두드러진 표백작용 없이 숙성제로 작용하는 물질

② 과산화아세톤을 20~40ppm 수준으로 처리한 밀가루는 반죽의 신장성, 부피가 증가. 또한 브레이크와 슈레드, 기공, 조직, 속색 등이 개선

제3절　이스트(Yeast)

이스트는 엽록소를 가지고 있지 않는 타가 영양체이며 설탕류를 먹이로 이용한다. 학명은 *Saccharomyces Cerevisiae*이며 원형 또는 타원형으로 길이가 4~10μ이다.

모양은 변종에 따라 다양하나 대개 원형이나 타원형으로 되어 있다.

1. 생식

1) 출아법

이스트의 증식방법은 출아법으로 성숙된 이스트 세포의 핵이 2개로 분리되면서 유전자도 분리된다.

2. 화학적 구성

이스트는 70%가 수분이고, 나머지 30%가 단백질, 탄수화물, 지방, 광물질 등으로 구성되어 있다. 단, 그 함량은 이스트의 형태와 배양조건에 따라 크게 다르다.

3. 이스트에 들어 있는 효소

① 프로테아제 : 단백질을 분해하여 펩티드, 아미노산을 생성
② 리파아제 : 지방을 지방산과 글리세린으로 분해
③ 인베르타아제 : 자당을 포도당과 과당으로 분해. 최적 pH는 4.7 전후이고 적정온도는 50~60℃
④ 말타아제 : 2분자의 포도당으로 분해
⑤ 치마아제 : 빵 반죽 발효를 최종적으로 담당하는 효소. 알코올과 이산화탄소로 분해

4. 이스트의 종류와 보관방법

1) 생이스트(압착효모)

① 이스트용액은 여과 후 유화제와 소량의 물을 가한 다음 믹싱하여 균질화된 가소성 덩어리로 만든다.
② 수분 : 70~75%, 고형질 25~30%
③ 냉장고에서 보관(0~4℃)

2) 활성 건조효모(드라이 이스트)

① 수분을 7.5~9.0%로 건조시킨 효모
② 빵의 색상·풍미가 개선되고 저장성이 크며 실온 이상에서도 수주일을 견딜 수 있다.

③ 이론상 생이스트의 1/3만 사용해도 되지만 건조공정과 수화 중에 활성세포가 다소 줄기 때문에 실제로 압착효모의 40~50%를 사용한다.

④ 사용할 중량의 4배 되는 물을 40~45℃로 데워서, 5~10분간 담갔다가 다시 수화시킨 후 사용(발효력 증가를 위해 1~3%의 설탕을 넣기도 한다.)

3) 불활성 건조효모

① 높은 건조 온도에서 수분을 증발시키므로 이스트 내의 효소가 완전히 불활성화된 것
② 빵, 과자 제품에 영양보강제로 사용
③ 필수아미노산인 리신이 풍부하여 곡물의 리신 부족을 보완

4) 인스턴트 건조 이스트

활성 건조효모의 단점을 보완하여 개발된 제품으로 물에 녹여 사용할 필요가 없고 밀가루에 섞어 사용. 진공포장되어 있으므로 실온에서 1년 정도 보관 가능

제4절 감미제(Sweetening Agents)

감미제는 그 기능 또한 다양하여 영양소, 향재료, 안정제, 발효조절제 등의 역할을 한다.

1. 자당

설탕이라고도 불리며 사탕수수나 사탕무에서 얻어진다. 사탕수수즙액을 농축하고 결정시킨 원액을 원심분리시키면 '원당'과 '제1당밀'로 분리된다.

1) 정제당

설탕의 정제란 원당 결정입자에 붙어 있는 당질 및 기타 불순물을 제거하여 순수한 자당을 얻고, 용도에 맞는 품종을 생산하는 것

(1) 입상형 당

입자가 아주 미세한 제품으로부터 큰 제품에 이르기까지 용도별로 제조

(2) 분설탕

거친 설탕입자를 갈아 부수어 고운 눈금을 가진 체를 통과시켜 얻으며 덩어리가 생기는 것을 방지하기 위해 3%의 전분을 혼합

2. 전화당

설탕이 가수분해되면 같은 양의 포도당과 과당이 생성되는데 이 혼합물을 전화당이라 하며 전화된 상태에서의 감미도는 125~135 정도

3. 포도당

포도당의 감미도는 설탕 100에 대하여 75 정도이다. 무수포도당($C_6H_{12}O_6$)과 함수포도당($C_6H_{12}O_6$, H_2O)이 있는데, 제과용으로 쓰이는 것은 함수포도당이다.

4. 물엿

물엿은 전분을 가수분해하여 만들며, 녹말의 분해산물인 포도당, 맥아당, 소당류, 그 밖의 덱스트린이 혼합된 상태의 물질이 물엿에 함유되어 있으며 분해방법과 정도에 따라 감미도

가 다르다. 점조성, 보습성이 뛰어나 일반 감미료보다 제품의 조직을 부드럽게 한다.

5. 맥아와 맥아시럽

맥아와 맥아시럽에는 이스트 활성을 활발하게 해주는 영양물질인 광물질, 가용성 단백질, 반죽조절 효소 등이 있어 반죽의 조절을 가속시키고 완제품에 독특한 향미를 준다.

1) 맥아제품을 사용하는 이유

① 가스 생산을 증가시킴

② 껍질색을 개선

③ 제품 내부의 수분 함유량을 증가시킴

④ 부가적 향의 발생효과를 얻을 수 있음. 맥아제품을 너무 많이 사용하면 발효 중에 반죽이 너무 연해지고 끈적거리게 되어 손작업이나 기계작업 시 불편을 준다.

6. 당밀

※ 저급당밀은 식용하지 않고 가축사료, 이스트생산 등 제품의 제조용 원료로 사용한다.

① 1차 당밀은 연한 황색으로 당 함량이 60~66%, 회분 함량이 4~5%이다.

② 2차 당밀은 적색으로 당 함량이 56~60%, 회분 함량이 5~7%이다.

③ 제품 형태

• 시럽상태 : 30% 전후의 물에 당을 비롯한 고형질이 용해된 상태

• 분말상태 : 탈수한 시럽을 분말, 입상형, 엷은 조각형으로 만든다.

7. 유당(젖당)

① 포유동물의 젖 속에 포함되어 있는 감미물질로 포도당과 갈락토오스가 결합된 이당류이다.

② 유당은 우유 속에 평균 4.8%를 함유하며 설탕에 비해 감미도와 용해도가 낮고(감미도 16) 결정화가 빠르다.

③ 환원당으로 단백질의 아미노산 존재하에 '갈변반응'을 일으킨다.

④ 유산균에 의해 유산이 생성되고 제빵용 이스트에 의해 발효되지 않고 락타아제에 의해 분해된다.

⑤ 탈지분유에 50% 정도 함유되어 있다.

8. 감미제의 기능

1) 제빵

① 이스트에 발효성 탄수화물로 이스트 먹이 제공

② 이스트에 소비되고 남은 당은 밀가루 단백질과 환원당 사이의 반응(메일라드반응)과 캐러멜화를 통해 껍질에 색을 낸다.

③ 속결과 기공을 부드럽게 하고 노화를 지연하고 단백질 연화작용을 한다.

④ 알코올을 생성케 하여 향을 부여하고 이산화탄소를 생성하여 부피감을 형성한다.

2) 제과

① 단맛을 제공, 노화를 지연시키고 신선도를 오래 지속시킴

② 단백질의 연화작용과 캐러멜화를 통해 껍질색 개선

③ 감미제의 특성에 따라 독특한 향 부여

우유와 유제품(Milk and Milk Products)

1. 우유의 성분

흰색 액체로 보이는 우유는 실제로 여러 가지 물질이 섞여 구성된 혼합물이다.

성분 조성은 수분 함량이 87~88%, 총 고형분 함량이 12~13%, 지질 및 단백질(카세인) 각각 3.5%, 탄수화물 4~4.9%, 회분 0.5~1.1 %, 미량의 비타민, 색소, 효소 등으로 구성되어 있다.

1) 유지방

유지방 입자가 0.1~10 μ(평균 3 μ)의 미립자상태이고 유지방의 비중은 0.92~0.94%

2) 유단백질

① 주된 단백질은 카세인이며 산과 레닌효소에 의해 응고된다.
② 락토알부민과 락토글로불린은 각각 0.5% 정도 함유되어 있고 열에 약하다.

3) 유당

① 우유에 평균 4.8% 정도 함유되어 있다.
② 제빵용 이스트에 의해서는 발효되지 않는다.

4) 광물질

우유에는 상당량의 광물질이 함유되어 있고 그중 칼슘과 인은 전체의 1/4을 차지

5) 효소

리파아제, 아밀라아제, 포스파타아제, 페록시다아제, 촉매효소 등을 비롯해 갈락타아제, 락타아제, 뷰티리나아제 등

6) 비타민

비타민 A, 리보플라빈, 티아민은 풍부하지만 비타민 D, E는 결핍되어 있음

2. 유제품

1) 시유

음용하기 위해 가공된 액상우유를 말하며, 원유를 받아 여과 및 청정과정을 거친 후 표준화, 균질화, 살균 또는 멸균, 포장, 냉장한다.

2) 농축우유

우유에 포함된 수분을 증발시켜 고형질 함량을 높인 우유를 말하며 연유나 생크림도 농축우유의 일종이다.

3) 분유

우유에서 수분을 대부분 제거한 분말로 전지분유, 탈지분유, 부분 탈지분유가 있다.

(1) 분유의 기능

① 글루텐을 강화하여 반죽의 내구성을 높인다.
② 완충작용이 있어 배합이 지나쳐도 잘 회복된다.
③ 밀가루의 흡수율을 높인다.
④ 발효내구성을 높인다.

4) 유장

유장은 치즈제조과정에서 남은 부산물로 수용성 비타민, 광물질 비카세인 단백질과 가장 많이 함유되어 있는 유당으로 구성되어 있다.

5) 버터

① 우유지방이 81%, 수분 16%, 무기질 2%, 소금 1.5~1.8%
② 버터가 융점이 낮고 가소성 범위가 좁다.
③ 특유의 향물질 : 뷰티린산, 디아세틸, 유산(젖산) 등

제6절 유지제품

1. 유지제품의 종류

1) 버터

① 우유 지방 함량이 80% 이상이고 수분은 18% 이하이다.
② 기름에 물이 분산되어 있는 유중 수적형이고 특유의 향(티아세틸)과 맛(유산)을 낸다.
③ 가소성의 범위가 적고 크림성이 나쁘다.

2) 마가린

① 동·식물성 경화유지이며 유중 수적형이다.
② 유화제, 식염 등이 첨가되어 버터의 성질과 풍미가 있어 제과·제빵에 주로 이용된다.

3) 쇼트닝

① 100% 지방이며 동·식물성 경화유이다.

② 무색, 무미, 무취로 크림성과 쇼트닝성이 좋아 제과·제빵에 이용된다.

4) 라드

① 100% 지방이며 돼지기름으로 쇼트닝성은 좋으나 크림성이 나쁘다.

② 융점이 낮아 입에서 잘 녹는다.

③ 천연항산화제가 없어 산패하기 쉽다.

2. 유지의 기능

1) 쇼트닝성

① 비스킷, 쿠키, 각종 케이크에 부드러움과 바삭바삭함을 주는 기능

② 쇼트닝이 믹싱 중에 얇은 막을 형성하여 전분과 단백질이 단단하게 되는 것을 방지하여 구워진 제품에 윤활성을 준다.

2) 크림성

① 믹싱으로 공기를 흡수하여 크림이 되는 것을 크림화라 한다.

② 크림성이 좋은 유지는 쇼트닝의 250~350%의 공기를 품는다.

3) 안정성

지방이 크림으로 될 때 무수한 공기세포를 형성·보유함으로써 반죽에 기계적 내성을 주어 글루텐 구조가 응결되어 튼튼해질 때까지 주저앉지 않거나 꺼지지 않는 성질을 의미한다.

4) 가소성

유지가 상온에서 고체형태를 유지하려는 성질. 가소성이 높다는 것은 온도의 변화에 고형질 함량의 변화가 적은 것을 의미한다.

제7절 달걀

1. 달걀의 구성

단백가가 100인 우수한 영양식품으로 비타민 C를 제외한 다른 비타민류와 무기질, 특히 인과 철이 풍부하게 함유되어 있다.

달걀의 구조는 노른자, 흰자, 껍질의 3부분으로 나눌 수 있다.

1) 부위별 구성

① 껍질 : 10%
② 전란
  • 흰자 : 60%
  • 노른자 : 30%
  ※ 전란의 수분 함량은 75%

2. 달걀제품

(1) 생달걀

생달걀은 적절한 위생처리가 필요하다. 살모넬라(salmonella) 식중독균 오염에 주의한다. 흰자의 거품형성은 정도에 따라 영향을 받는데 묽은 흰자는 된 흰자보다 거품형성 능력이 크다.

(2) 냉동달걀

냉동달걀은 오염이나 위생, 저장 등의 문제 때문에 생달걀을 껍질부터 살균한 뒤 내용물을 분리하여 냉동 보존하여 저장성이 좋다. -21~-27℃로 급속냉동하고 21~7℃의 온도에서 해동하거나 흐르는 물에 5~6시간 녹여 사용한다.

(3) 분말달걀

① 건조방법에 따라 분무건조와 팬건조법이 있다.
② 흰자분말은 주로 엔젤푸드 케이크나 머랭에 사용하고, 레이어 케이크, 파운드 케이크, 쿠키, 하드롤과 하스 브레드 제품에 바삭바삭하게 하는 특성을 주는 재료로도 사용한다.
③ 흰자분말 1에 물 7을 첨가하여 재구성한다.

3. 달걀의 기능

① 결합제 : 단백질의 가열 응고에 의한 농후화제 역할(커스터드크림)
② 팽창작용 : 휘핑에 의한 공기포집 능력이 크고, 열에 의해 팽창(스펀지 케이크)
③ 쇼트닝효과 : 노른자의 레시틴은 유화제의 역할(제품을 부드럽게 함)
④ 색 : 노른자의 황색 색소는 식욕을 돋움
⑤ 영양가 : 단백가 100의 완전식품으로서 영양적 가치가 높음(완전식품)

물과 이스트푸드(Water & Yeast Food)

1. 물

물의 경도는 주로 칼슘과 마그네슘이온의 존재에 기인하며 비누거품을 파괴한다.

물에 함유된 유·무기물의 종류와 양에 따라 경수와 연수, 산성 물과 알칼리성 물로 나뉜다.

1) 경수와 연수

(1) 경수(180ppm 이상)

물 100cc 중 칼슘, 마그네슘 염류가 20㎎ 이상인 것이 경수, 즉 센물이며 바닷물, 광천수, 온천수 등

　　① 일시적 경수 : 가열하면 불용성 탄산염으로 분해되고 가라앉아 연수가 되는 물

　　② 영구적 경수 : 황산이온이 들어 있어 가열해도 연수가 되지 않으며 칼슘염, 마그네슘
　　　염은 물 속에 용액상태로 남아 경도에 영향을 줌

(2) 연수(60ppm 이하)

물 100cc 중 칼슘, 마그네슘 염류가 10㎎ 이하인 것이 연수, 즉 단물이며 증류수, 빗물

2. 물의 영향과 조치

1) 물의 영향

　　① 아경수(120∼180ppm) : 제빵에 가장 적절한 것으로 알려져 있다. 글루텐을 경화시
　　　키는 효과와 이스트의 영양물질이 되기 때문이다.

　　② 연수 : 글루텐을 약화시켜 반죽을 연하고 끈적끈적하게 한다.

③ 경수 : 글루텐을 단단하게 경화시켜 발효를 지연시킨다.

④ 알칼리성 물 : 발효속도가 느려지고 부피가 작아진다.

⑤ 산성 물 : 황(S)이 공기 중의 산소와 결합하여 만들어지는 것으로, 발효를 촉진한다.

2) 조치방법

① 연수 : 흡수율을 1~2% 줄이고 이스트푸드와 소금량을 늘린다.

② 경수 : 이스트량 증가, 이스트푸드 감소, 맥아 첨가. 효소를 공급하여 발효를 촉진한다.

3. 이스트푸드(제빵개량제)

이스트의 발효를 촉진시기고 빵 빈죽의 질을 개량하는 약제, 즉 제빵개량제이다.

이스트푸드의 주기능은 ① 영양원 ② 물 조절제 ③ 반죽 조절제 등이다.

(1) 반죽 조절제

① 브롬산칼륨 : 지효성 반죽조절제이며 첨가량을 늘림에 따라 산화력이 강해진다.

② 요오드산 칼륨 : 속효성 반죽조절제이다.

③ 과산화칼슘 : 글루텐을 강하게 만들고 반죽을 다소 되게 한다.

④ 아스코르브산 : 속효성 반죽 조절제이다.

⑤ 아조다이카본아마이드 : 밀가루 단백질의 -SH그룹을 산화하여 글루텐을 강하게 한다.

(2) 물 조절제 : 칼슘염(경도조절)－인산칼슘, 황산칼슘

(3) 영양원 공급 : 암모늄염(염화암모늄), 염화나트륨이 대표적이다.

(4) 일반적인 이스트푸드의 배합비율

황산칼슘 25%, 염화암모늄 9.7%, 브롬산칼륨 0.3%, 염화나트륨 25%, 전분 40%, 아조다이카본아마이드, 비타민 C

화학 팽창제(Chemical Ledvening Agents)

1. 탄산수소나트륨(중조)

단독 또는 베이킹파우더 형태로 사용하며 분자식은 $NaHCO_3$이며, 무색의 결정성 분말이다. 과도하게 사용하면 빵 속색이 노랗게 되며, 소다맛, 비누맛이 난다.

2. 베이킹파우더

탄산수소나트륨을 주성분으로 하여 각종 산성제를 배합하고 완충제로서 전분을 첨가한 팽창제

(1) 베이킹파우더의 구성

탄산수소나트륨 1/3 = CO_2가스를 발생하며 중조 또는 소다라 한다.
산 작용제 1/3 = CO_2가스 발생속도를 조절하며 속효성과 지효성이 있다.
분산제 1/3 = 중조와 산염을 격리하고 흡수제 역할을 한다. 취급과 계량을 용이하게 한다.

(2) 작용기전 : $2NaHCO_3 \rightarrow CO_2 + H_2O + Na_2CO_3$

(3) 규격 : 베이킹파우더 무게의 12% 이상에 해당하는 유효 이산화탄소(CO_2)가 발생해야 한다.

(4) 산 작용제

① 속효성 : 가스 발생속도가 빠름－주석산
② 지효성 : 가스 발생속도가 느림－황산 알루미늄 소다

(5) 중화가

산 100g을 중화시키는 데 필요한 탄산수소나트륨(소다)의 양, 즉 산에 대한 소다의 비율로서 적정량의 유효가스(이산화탄소)를 발생시키고 중성이 되는 값이다.

중화가 = 중조/산작용제×100%

3. 암모늄계 팽창제

① 산 재료가 없어도 물만 있으면 단독으로 작용한다.
② 쿠키에 사용하면 퍼짐이 좋아진다.
③ 굽기 중 3가지 가스로 분해되어 잔류물이 없다.

제10절 안정제(Stabilizer), 향료(Flavors), 향신료(Spices)

1. 안정제

1) 한천

우뭇가사리로 만들며 끓는 물에만 용해된다. 용액이 냉각되면 단단하게 굳는데 물에 대하여 1~1.5% 사용 ─ 양갱, 젤리, 광택제

2) 젤라틴

동물의 껍질이나 연골조직 속의 콜라겐을 정제한 것이 젤라틴이며 끓는 물에만 용해되고 식으면 단단한 젤이 된다. 용액에 대하여 1% 농도로 사용하며 산이 존재하면 '젤' 능력이 죽거나 없어진다. ─ 무스, 바바루아, 젤리

3) 펙틴

과일과 식물의 조직 속에 존재하는 일종의 다당류로 설탕 50% 이상, pH 2.8~3.4의 산이 존재하에 젤을 형성한다. - 잼, 젤리, 마멀레이드

4) 알긴산

우유와 같이 칼슘이 많은 재료와는 단단한 교질체가 되며 과일주스와 같은 산의 존재하에서는 농후화능력이 감소한다.

5) 로커스트빈 검

지중해 연안에서 재배되는 로커스트빈 나무껍질을 벗겨 수지를 채취한 것으로 냉수에도 용해되지만 뜨겁게 해야 더 효과적이다. 산에 대한 저항성이 크다.

6) 시엠시(CMC)

냉수에서 쉽게 팽윤되어 진한 용액이 되며 셀룰로오스로 만든 제품이다.
산에 대한 저항성이 약하다.

2. 향료

1) 향료의 사용목적

제품에 독특한 개성을 주는 데 있으며 맛, 향, 조직이 잘 조화되어야 한다.

2) 향료의 분류

합성향료와 천연향료로, 가공방법에 따라 수용성 · 지용성 · 유화 · 가루향료로 나눌 수 있다.

(1) 성분에 따른 분류

① 천연향료 : 나무, 과실, 잎, 나무껍질, 뿌리, 줄기 등에서 추출한 향료이다. 꿀, 당밀, 코코아, 초콜릿, 분말과일, 감귤류, 바닐라 등

② 합성향료 : 방향성 유기물질로 합성—디아세틸, 바닐라, 원두의 바닐린 등

(2) 가공방법에 따른 분류

① 수용성 향료 : 에센스, 물에 녹지 않는 유상의 방향성분을 알코올, 글리세린, 물 등의 혼합용액에 녹여 만든다.

② 지용성 향료 : 오일, 천연의 정유 또는 합성향료를 배합한 것. 향이 날아가지 않는다.

③ 유화향료 : 유화제를 사용하여 향료를 물 속에 분산·유화시킨다.

④ 가루향료 : 유화원료를 말려 가루로 만든 것. 가루상태로는 향이 약해 느껴지지 않으나 입 안, 물에서는 강한 향이 난다.

3. 향신료

1) 향신료의 종류

(1) 계피(Cinnamon)

녹나무과의 상록수 껍질을 벗겨 만든 향신료. 그냥 물에 삶아 우려낸 물을 사용하거나 분말로 만들어 사용하기도 한다.

(2) 너트메그(Nutmeg)

과육을 3~6주 일광으로 건조·선별하여 만든 향신료로 1개의 종자에서 너트메그 외에 메이스(mace)도 얻는다.

(3) 정향(Clove)

정향나무의 꽃봉오리를 따서 말린 것으로, 분홍빛을 띠는 붉은색의 꽃봉오리가 활짝 피면

향이 날아가므로 꽃이 피기 전에 따서 햇빛에 말린다.

(4) 생강(Ginger)

매운맛과 특유의 방향을 가진 생강은 그대로 혹은 말려 쓰거나 가루로 만들어 쓴다.

(5) 올스파이스(Allspice)

자메이카, 멕시코, 인도 등에서 나는 식물의 열매이며 빵, 케이크에 가장 많이 쓰이는 향신료 정향, 너트메그, 계피가루의 향을 합한 것과 같다고 해서 올스파이스라 부른다.

(6) 칼더먼(Cardamon)

생강과의 다년초 열매에서 얻는 칼더먼은 인도, 실론 등지에서 자란다. 열매 깍지 속에 들어 있는 3㎜가량의 조그만 씨를 이용한다.

(7) 오레가노(Oregano)

자소과의 다년생 식물로 잎사귀를 그대로 쓰거나 가루로 하여 이용하며 피자, 파스타에 널리 사용하고 칠리 파우더의 원료가 된다.

제11절 초콜릿(Chocolate)

1. 초콜릿의 구성

카카오매스+코코아+카카오버터+기타(설탕, 분유, 유화제 등)

2. 초콜릿의 종류

① 다크 초콜릿 : 카카오매스에 설탕과 카카오버터, 레시틴, 바닐라 등을 섞어 만든 초콜릿—다크 스위트, 세미 스위트, 비터 스위트
② 밀크 초콜릿 : 다크 초콜릿에 분유를 더한 것으로, 가장 부드러운 맛의 초콜릿
③ 화이트 초콜릿 : 다갈색의 카카오 고형분을 빼고 카카오버터에 설탕, 분유, 레시틴, 바닐라향을 넣어 만든 흰색의 초콜릿

3. 템퍼링(Tempering) 및 블룸

1) 템퍼링 방법

녹인 초콜릿을 식혀서 코코아 지방을 알맞은 결정체로 만든 다음 작업하기에 알맞게 다시 재가열하여 온도를 약간 올리는 것이다.

	용해온도	템퍼링 온도	작업온도
다크 초콜릿	45~50℃	26~27℃	30~31℃
밀크 초콜릿	40~45℃	25~26℃	29~30℃
화이트 초콜릿	40~45℃	25~26℃	29~30℃

2) 블룸

설탕 블룸(Sugar bloom) : 초콜릿을 습도가 높은 곳에 보관할 때 초콜릿 중의 설탕이 공기 중의 수분을 흡수하여 녹았다가 재결정되어 희게 변하는 현상

지방 블룸(Fat bloom) : 초콜릿을 높은 온도에 보관하거나 직사광선에 노출시켰을 때 지방이 분리되었다가 다시 굳어지면서 얼룩이 지는 현상

1. 분류

제조방법에 따라 다음과 같이 분류될 수 있다.

　① 발효주 : 과실, 곡류 등을 원료로 당화하여 발효시킨 술로 알코올 도수가 낮다.
　　· 종류 : 탁주, 약주, 청주, 맥주
　② 증류주 : 과일이나 곡물류를 발효하여 만든 양조주를 증류기로 증류하여 알코올 도
수를 높인 주정이 강한 술이다. 알코올 함유량이 많아 화주로도 불린다.
　　· 종류 : 브랜디(포도), 위스키(곡류), 럼(당밀)
　③ 리큐어(혼성주) : 증류주, 양조주에 과일, 견과 등을 담가 향미성분을 가해서 별도의
맛을 가진 술의 총칭이다.
　　· 종류 : 오렌지 리큐어, 커피 리큐어, 체리 리큐어

2. 제과용 리큐어

(1) 키어시

잘 익은 버찌(체리)의 과즙을 발효, 증류시켜 당을 첨가하여 만든다.

(2) 칼루아

커피의 풍미에 바닐라향을 배합하여 만든 것으로 티라미수처럼 커피향이 필요한 제품에 사용된다.

(3) 트리플섹

오렌지향이 나는 리큐어로 주로 단맛을 내고 향을 내는 재료로 쓰인다.

(4) 코앙트르

오렌지 큐라소 리큐어의 프리미엄 브랜드로 알코올 도수가 40도이며 생과자, 양과자, 생크림에 이용된다.

(5) 럼

서인도제도에서 처음 만들었으며 무색이거나 연한 것은 화이트 럼, 진한 것은 다크 럼이라 하며 감미로운 향기는 양과자에 아주 적합하여 설탕의 감미와 달걀의 비린내를 완화시켜 준다고 해서 제과용으로 이용된다.

(6) 브랜디

포도주나 과일주를 증류하여 참나무통에 숙성시켜 만든 증류주로 포도 브랜디, 사과 브랜디, 체리 브랜디 등이 있다.

제4장 | 영양학

제1절 영양소의 종류와 권장량

1. 영양소의 분류

영양소란 식품에 함유되어 있는 여러 성분 중 체내에서 흡수되어 생활 유지를 위한 생리적 기능에 이용되는 것을 말한다. 이들 영양소는 단백질, 지방, 탄수화물, 무기질, 비타민 및 물 등 6종류이다.

① 열량 영양소 : 탄수화물, 지방, 단백질−칼로리 생산, 체온유지를 위한 에너지 공급, 생활하는 데 있어 활동의 힘
② 구성 영양소 : 단백질, 무기질, 지방, 물−몸의 체조직 구성
③ 조절 영양소 : 무기질, 비타민, 물−각종 생체반응을 조절하는 영양소

2. 섭취 권장량(총 섭취 열량 대비)

열량 영양소의 일일 섭취 권장량은 다음과 같다.

① 탄수화물 : 60~70%(300~350g)
② 지방 : 15~20%
③ 단백질 : 15~20%(체중 1kg당 1g)

탄소(C), 수소(H), 산소(O)의 3원소로 이루어진 유기화합물로 자연계에 널리 분포되어 있는 식품의 기본적인 성분이며, 인류의 가장 중요한 에너지원이다.

1. 탄수화물의 분류

1) 단당류

(1) 포도당

탄수화물의 최종 분해산물로 자연계에 널리 분포하고 특히 포도에 많다.

(2) 과당

꿀, 과즙에 많이 들어 있고 단맛이 가장 강하고 흡습성이 있다.

(3) 갈락토오스

포도당과 결합하여 유당의 형태로 존재하며 단당류 중 가장 빨리 소화 흡수된다.

(2) 이당류

(1) 자당

사탕수수나 사탕무에서 얻으며 효소나 산에 의해 가수분해되면 포도당과 과당의 결합이 끊어져 전화당이 된다.

(2) 맥아당

전분이 가수분해되는 과정에서 생긴 중간생성물이다.

(3) 유당

유일하게 포유동물의 젖에 존재하며 당류 중 단맛이 가장 약하며, 결정화가 빠르다. 대장 내에서 유산균을 자라게 하여 정장작용을 한다.

3) 다당류

(1) 전분

포도당이 축합되어 이루어진 것으로 아밀로오스와 아밀로펙틴이 20 : 80의 비율로 구성되어 있다.
찹쌀이나 찰옥수수의 전분은 아밀로펙틴이 100%이다.

(2) 덱스트린

전분이 가수분해되는 과정에서 생기는 중간산물로 싹트는 종자, 엿, 조청 등에 들어 있다.

(3) 글리코겐

유일한 동물성 전분이며, 주로 간에 저장되었다가 쉽게 포도당으로 변해 에너지원으로 쓰인다.

(4) 셀룰로오스(섬유소)

채소의 줄기, 잎, 열매의 껍질 등에 들어 있고 체내에는 소화효소가 없어 소화되지 않는다.

(5) 펙틴

미숙한 과일 껍질 부분에 많으며 잼, 젤리를 만드는 데 응고제로 사용된다.

(6) 한천

해조류(우뭇가사리)로 만들며 양갱을 만드는 데 응고제로 쓰인다.
응고력은 젤라틴의 10배이다.

2. 탄수화물의 기능

① 에너지 공급원 : 1g당 4kcal, 소화흡수율 98%

② 혈당의 유지 : 혈액 속에 포도당이 0.1% 함유되어야 정상적인 혈당을 유지

③ 간에서 글리코겐 형태로 저장되었다가 필요 시 포도당으로 분해되어 사용

④ 단백질 절약작용 : 탄수화물 부족 시 단백질이 에너지원이 되는 것보다 단백질의 고유기능을 행하도록 단백질을 절약시키는 작용

⑤ 장 운동에 관여 : 소화기관 근육의 수축을 자극하여 장내에서 음식물이 잘 이동하도록 연동운동을 돕는 역할을 한다.

제3절 지방(지질)

탄소(C), 수소(H), 산소(O)의 3원소로 구성되어 있다.

1. 지방의 분류

1) 단순지방

고급지방산과 알코올의 결합체로서 알코올의 종류에 따라 유지, 왁스로 나뉜다.
① 유(oil) : 실온에서 액체(예 : 참기름, 면실유 등)
② 지(fat) : 실온에서 고체(예 : 버터, 마가린 등)

2) 복합지방

지방산, 알코올 외에 다른 분자군을 함유하는 지질을 복합지방이라 한다.
구성물질에 따라 인지질(레시틴, 세파린, 단백질), 당지질, 황지질 등으로 나뉜다.

3) 유도지방

① 콜레스테롤 : 동물체의 거의 모든 세포, 특히 신경조직, 뇌조직에 많이 들어 있으며 사람의 혈관에 쌓이면 동맥경화증을 유발하는 동물성 스테롤이다.
② 에르고스테롤 : 효모, 곰팡이, 맥각, 표고버섯 등에 존재하며 자외선을 받으면 Vit. D_2로 변하는 식물성 스테롤이다.

2. 필수지방산(비타민 F)

리놀레산, 리놀렌산, 아라키돈산으로 체내에서 합성되지 않지만, 성장에 꼭 필요하므로 반드시 음식물로 섭취하여야 하는 지방산을 말한다.

3. 지방의 기능

① 에너지의 급원 : 지방 1g은 9kcal의 열량을 발생하는 열량원이다.
② 체온유지 : 피하지방을 구성, 체온을 보존시킨다.
③ 지용성 비타민의 흡수를 도움 : 지용성 비타민의 운반과 흡수
④ 장기보호 : 장기를 둘러싸고 있어 외부충격으로부터 충격을 완화한다.

제4절 단백질

탄소(C), 수소(H), 산소(O) 이외에 질소(N) 등의 원소로 이루어진 유기화합물로 동식물의 조직에 있는 모든 세포의 주성분으로 질소의 함량은 단백질의 종류에 따라 약간의 차이는 있으나 평균 16% 정도이다.

※ 필수아미노산 : 체내에서 합성이 되지 않으므로 반드시 음식물에서 섭취해야 하는 아미노산

① 이소류신 ② 류신 ③ 발린 ④ 트레오닌
⑤ 페닐알라닌 ⑥ 트립토판 ⑦ 메티오닌 ⑧ 리신

1. 단백질의 종류

1) 단순 단백질

아미노산만으로 이루어진 단백질이다.

분류	특징	종류
알부민	물, 묽은 산, 알칼리에 녹으며 가열과 알코올에 응고	오브알부민(흰자) 미오겐(근육)
글루텔린	묽은 산, 알칼리에 녹고, 70% 알코올에 녹지 않는다.	글루테닌(밀) 오리제닌(쌀) 등
글로불린	묽은 염류용액에 녹고 물에 녹지 않는다.	오보글로불린(흰자) 락토글로불린(우유) 글리시닌(대두) 등
프로타민	물, 묽은 산, 염류용액에 녹고 가열에 응고되지 않는다.	살민(연어) 글루페인(정어리)
프롤라민	산, 알칼리, 70~90%의 알코올에 녹는다.	호리데인(보리) 제인(옥수수)
히스톤	물, 묽은 산에 녹는 염기성 단백질	글로불린(적혈구)
알부미노이드 (경단백질)	보통 용매에 잘 녹지 않으며 진한 산 또는 알칼리에 녹는다.	케라틴 콜라겐(뼈가죽)

2) 복합 단백질

아미노산 이외 다른 유기화합물 즉 당질, 지질, 인산, 색소 등이 결합된 것이다.

분류	특징	종류
리포단백질	지질이 결합하여 형성된다.	리포비텔린
색소단백질	금속 · 유기색소가 결합하여 형성된다.	헤모글로빈 미오글로빈(근육)
핵 단백질	핵산이 결합하여 형성된다.	뉴클레오히스톤 뉴클레오프로타민
인 단백질	단순 단백질과 인산이 결합하여 형성된다.	카세인(우유)
당 단백질	단순 단백질과 탄수화물이 결합하여 형성된다.	오보뮤신(난백) 당단백질

3) 유도 단백질

단백질이 가수분해되어 생긴물질로 분해 정도에 따라 1차 유도 단백질과 2차 유도 단백질로 나뉜다.

2. 영양학적 분류

1) 완전단백질

필수아미노산이 골고루 함유되어 있어 정상적인 성장을 돕는 단백질이다.
－카세인(우유), 알부민(달걀), 글리시닌(대두) 등

2) 불완전단백질

생물가가 낮은 저질의 단백질 : 젤라틴(뼈), 제인(옥수수) 등

3) 단백질의 영양 평가

단백질의 영양적 가치를 결정하는 방법으로 단백가(Protein Score)와 생물가(Biological Value) 등이 많이 이용된다.

(1) 단백가(달걀 > 대두 > 우유 > 쇠고기 > 쌀)

$$단백가 = \frac{식품\ 단백질의\ 제1제한\ 아미노산}{FAO의\ 표준\ 구성\ 아미노산} \times 100$$

(2) 생물가

$$생물가 = \frac{체내에\ 축적되는\ 질소의\ 양}{흡수된\ 질소의\ 양} \times 100$$

3. 단백질의 기능

① 에너지 급원 : 단백질 1g은 4kcal의 열량을 발생
② 체조직 구성 : 체세포를 구성. 성장기나 임신기, 병의 회복기에 필요한 새 조직을 형성
③ 효소, 호르몬, 항체 형성 : 체내에서 일어나는 각종 효소와 호르몬 작용의 주요 구성 성분
④ 체성분의 중성 유지 : 산·알칼리의 완충작용이 있어 체성분을 중성으로 유지함

※ 단백질 권장량
　　① 성인 하루 필요량은 1g/1kg이다.
　　② 성인 남자는 70g, 성인 여자는 60g, 임신·수유부는 90g이다.
　　③ 부족 시 카시오카, 마라스무스 같은 질병이 나타난다.

미네랄 또는 회분이라고도 하며 탄소(C), 수소(H), 산소(O), 질소(N) 이외의 나머지 원소로 인체의 4%를 차지한다.

1. 무기질의 특성

① 무기질의 체내 비율 : 체중의 4%
② 무기질의 기능 : 체조직 구성, 대사작용 조절, pH와 삼투압 조절, 효소의 기능 강화
③ 산성 식품 : 산을 형성하는 물질로 이루어진 식품(인, 황, 염소)으로 곡류, 육류, 달걀 등에 들어 있다.
④ 알칼리성 식품 : 알칼리를 형성하는 물질로 이루어진 식품(칼슘, 나트륨, 마그네슘)으로 채소, 과일, 우유 등에 들어 있다.

2. 무기질의 종류

1) 칼슘(Ca)

① 인산칼슘 형태로 존재하며 99%는 뼈와 치아를 형성하고 나머지 1%는 혈액과 근육에 존재
② 혈액 응고에 관여
③ 비타민 D는 흡수를 촉진하고, 옥살산은 흡수를 방해
④ 결핍증 : 구루병, 골연화증, 골다공증
⑤ 공급원 : 멸치, 우유 및 유제품, 다시마 등

2) 인(P)

① 칼슘과 결합하여 뼈와 치아를 구성
② 체중의 1%
③ 각종 비타민과 결합하여 조효소를 형성
④ 흡수율 70% 이상으로 결핍증은 거의 없음
⑤ 공급원 : 우유, 치즈, 육류, 콩류, 어패류 등

3) 철(Fe)

① 헤모글로빈의 구성성분으로 조혈작용
② 간장, 근육, 골수에 존재
③ 아스코르브산은 흡수를 촉진
④ 결핍증 : 빈혈
⑤ 공급원 : 육류, 난황, 콩류, 녹색 채소 등

4) 칼륨(K)

① 산, 알칼리의 평형유지
② 체액의 pH와 삼투압을 조절
③ 결핍증 : 근육의 연약
④ 공급원 : 밀가루, 밀의 배아, 현미, 참깨 등

5) 구리(Cu)

① 헤모글로빈 형성 시 촉매작용
② 결핍증 : 악성빈혈
③ 공급원 : 동물의 내장, 어패류, 견과류, 콩류 등

6) 요오드(I)

① 갑상선호르몬인 티록신 형성

② 결핍증 : 갑상선종, 부종

③ 공급원 : 해조류(다시마, 미역, 김), 해산물 등

7) 나트륨(Na)

① 산, 알칼리의 평형 유지

② 세포 외액의 삼투압을 조절

③ 육체 노동자에게 필요한 무기질

④ 공급원 : 김치, 육류, 우유 등

8) 염소(Cl)

① 위액 중 염산의 성분으로 산도를 조절

② 체액의 삼투압을 조절

③ 공급원 : 소금

9) 마그네슘(Mg)

① 골격과 치아 구성, 신경안정, 근육이완

② 결핍증 : 신경 및 근육 경련

③ 공급원 : 곡류, 채소, 견과류, 두류 등

10) 코발트(Co)

① 조혈작용을 하는 비타민 B_{12}의 구성성분

② 결핍증 : 악성빈혈

③ 공급원 : 간, 이자, 콩, 해조류 등

11) 불소(F)

① 뼈와 치아에 들어 있으며, 충치예방의 효과
② 결핍증 : 충치
③ 공급원 : 수돗물, 차

12) 아연(Zn)

① 당질대사에 관여하고, 인슐린 합성에 관여
② 결핍증 : 빈혈
③ 공급원 : 해산물, 육류, 견과류 등

제6절 비타민

비타민은 미량으로 생리작용 조절과 성장을 유지하는 데 꼭 필요한 유기 영양소로 조효소 역할을 하며 지용성 비타민과 수용성 비타민으로 나뉜다.

1. 지용성 비타민(비타민 A, D, E, K)

지방이나 지방을 녹이는 유기용매에 녹으며 필요 이상 섭취되어 포화상태가 되면 체내에 저장 · 축적된다. 결핍증은 서서히 나타나며 전구체가 있다.

1) 비타민 A : 항 야맹증 비타민

① 특징 : 시홍(로돕신)의 생성에 관여하여 야맹증, 안염을 방지
② 전구체 : 식물계의 황색 색소인 카로틴
③ 결핍증 : 야맹증, 건조성 안염, 각막 연화증, 발육 지연, 상피세포의 각질화

④ 공급원 : 간, 버터, 김, 노른자, 당근

2) 비타민 D : 항 구루병 비타민

① 특징 : 칼슘과 인의 흡수를 도움. 뼈의 성장
② 전구체 : 에르고스테롤과 콜레스테롤
③ 결핍증 : 구루병, 골연화증, 골다공증
④ 공급원 : 난황, 버터, 표고버섯 등

3) 비타민 E : 항 불임증 비타민

① 특징 : 생식기능을 정상적으로 유지. 천연 항산화작용
② 결핍증 : 쥐의 불임증, 빈혈
③ 공급원 : 식물성 기름, 난황, 우유

4) 비타민 K : 혈액응고 비타민

① 특징 : 간에서 혈액응고에 필요한 프로트롬빈의 형성을 도움
② 결핍증 : 출혈
③ 공급원 : 녹색 채소, 간, 난황 등

2. 수용성 비타민(비타민 B군, C, 니아신, 엽산, 판토텐산)

물에 녹으며 필요 이상 섭취하면 체외로 배출된다.

1) 비타민 B_1(Thiamine) : 항 각기병 비타민

① 특징 : 당질대사의 보조작용을 하며 식욕을 촉진
② 결핍증 : 각기병, 식욕부진, 피로

③ 공급원 : 배아, 효모, 돼지고기, 난황

2) 비타민 B$_2$(Riboflavin) : 성장 촉진 비타민

① 특징 : 발육을 촉진하고 입 안의 점막을 보호. 빛에 약함
② 결핍증 : 구순구각염, 설염, 피부염, 발육장애
③ 공급원 : 우유, 치즈, 간, 달걀, 녹색 채소 등

3) 니아신(Niacin) : 항 펠라그라 비타민

① 특징 : 60mg의 트립토판이 체내에서 1mg의 니아신으로 전환
② 결핍증 : 펠라그라병, 피부염
③ 공급원 : 단백질 식품, 효모 등

4) 비타민 B$_6$(Pyridoxine) : 항 피부염 비타민

① 특징 : 단백질, 탄수화물, 지방의 대사에 관여
② 결핍증 : 피부염, 신경과민, 빈혈
③ 공급원 : 육류, 간, 배아, 곡류, 난황 등

5) 비타민 B$_{12}$(Cyanocobalamin) : 항 빈혈 비타민

① 특징 : 적혈구 생성
② 결핍증 : 악성빈혈, 간 질환
③ 공급원 : 동물성 식품

6) 펜토텐산(Pantothenic Acid)

① 특징 : 탄수화물과 지방대사에 관여
② 결핍증 : 식욕부진, 정신장애
③ 공급원 : 효모, 고구마

7) 아스코르브산(Ascorbic Acid : 비타민 C) : 항 괴혈병 비타민

① 특징 : 공기에 노출되면 산화되며, 열에 의하여 쉽게 파괴, 철의 흡수를 촉진
② 결핍증 : 괴혈병, 저항력 감소
③ 공급원 : 풋고추, 딸기, 감귤 등

8) 엽산(Folic Acid)

① 특징 : 헤모글로빈, 핵산 형성에 필요
② 결핍증 : 빈혈
③ 급원 식품 : 간, 치즈, 곡류, 난황 등

제7절 물

체내의 약 2/3를 차지하며 양적 · 질적으로 생명유지에 절대적인 물질이다.

1. 물의 기능

① 영양소의 용매로서 채내 화학반응의 촉매역할을 하며, 삼투압을 조절한다.
② 영양소와 노폐물을 운반하고 체온을 조절한다.
③ 체내 분비액의 주요 성분(침, 위액, 담즙 등)이다.
④ 외부의 충격으로부터 내장기관을 보호한다.

(1) 권장량

성인은 1kcal당 1ml(1일 1,800~2,500ml), 영 · 유아는 1kcal당 1.5ml가 필요하다.
과잉 시 부종, 체중의 1% 부족할 때 갈증을 느끼며 20% 이상 부족 시 사망한다.

소화와 흡수

1. 소화

음식물에 들어 있는 당질, 지질 및 단백질은 그 분자량이 커서 소화기관을 통해 바로 흡수되지 못하고 소화기관을 통과하는 동안 작은 단위로 나뉘어 체내에 흡수되기 쉬운 상태로 되는 것을 말한다.

(1) 소화흡수율

탄수화물 98%, 지방 95%, 단백질 92%

(2) 소화과정

소화기관	효소명	기질
구강(타액)	프티알린	탄수화물
위(위액)	펩신 소량의 리파아제 레닌(유아의 위에만 존재)	단백질 지방 우유의 카세인
소장	수크라아제(인베르타아제) 말타아제 락타아제	자당 맥아당 유당
	트립신 키모트립신	단백질
	리파아제 스테압신	지방
대장	소화효소가 없어 소화가 일어나지 않으며 배설기관으로 작용	

2. 흡수

흡수기관	구강	영양소의 흡수는 없다(탄수화물의 소화만 일어남).
	위	물, 알코올(20%)
	소장	섭취 에너지의 95%
	대장	수분
흡수경로	문맥계	수용성 성분(단백질, 탄수화물) 모세혈관→문맥→간→전신
	림프계	지용성 성분(지방, 지용성 비타민) 림프관→정맥→심장→전신

제5장 | **식품위생학**

제1절 **식품위생학 개론**

1. 식품위생의 정의

식품위생이라 함은 식품, 첨가물, 기구나 용기, 포장을 대상으로 하는 음식에 관한 위생을 말한다.

2. 식품위생의 목적

① 식품으로 인한 위생상의 위해를 방지한다.
② 식품 영양의 질적 향상을 도모한다.
③ 국민보건의 증진과 향상에 기여한다.

3. HACCP

위해요소분석과 중요 관리점이란 뜻으로 식품을 식중독으로부터 보호하는 식품의 안정성을 확인하는 것

부패와 미생물

1. 부패

1) 부패 : 단백질 식품이 미생물에 의해 분해작용을 받아 악취와 유해물질을 생성하는 현상
2) 변패 : 단백질 이외의 성분을 갖는 식품이 변질되는 것
3) 부패에 영향을 주는 요인 : 온도, 수분함량, 습도, 산소(공기), 열
4) 미생물의 발육조건 : 영양소, 수분, 온도

5) 식품의 보존방법

(1) 물리적 처리방법

① 건조법

ㄱ 일광건조법 : 햇볕에 말리는 방법으로 농산물이나 해산물 건조에 사용

ㄴ 고온건조법 : 90℃ 이상에서 건조시키는 방법으로 퇴색이 단점

ㄷ 열풍건조법 : 가열된 공기로 건조시키는 방법으로 육류, 난류에 사용

ㄹ 냉동건조법 : 냉동시켜 건조하는 방법으로 당면 등에 사용

ㅁ 분무건조법 : 액체를 분무하여 건조하는 방법으로 분유에 사용

ㅂ 감압건배건법 : 불로 직접 건조시키는 방법

ㅅ 배건법 : 불로 직접 건조시키는 방법으로 커피 등에 사용

② 냉장 냉동법

냉장법 : 0~10℃, 냉동법(급속냉동) : -40℃

③ 가열 살균법 : 저온살균법, 고온 단시간 살균법, 고온 장시간 살균법, 초고온 살균법

④ 자외선 살균법 : 식품 내부까지 살균할 수 없는 단점

⑤ 방사선 살균법 : 코발트(CO^{60}) 조사하여 살균

(2) 화학적 처리방법

① 염장법 : 10%의 소금물을 침투시켜 삼투압을 이용하여 탈수 건조시켜 보존
② 당장법 : 설탕(농도 50%)에 담그는 방법으로 삼투압에 의해 일반 세균의 번식 억제로 부패세균 생육을 억제하는 법
③ 가스 저장법 : 탄산가스나 질소가스 속에 보존하는 방법으로 호흡작용을 억제하여 호기성 부패세균의 번식을 저지하는 방법이다.
④ 산 저장법 : 식초나 산(농도 3%)을 이용하여 식품을 저장하는 방법이다.
⑤ 훈연법 : 활엽수의 연기 중에 알데히드나 페놀과 같은 살균물질을 육질에 연기와 함께 침투시켜 저장하는 방법으로 소시지, 햄에 이용한다.

2. 소독과 살균

(1) **소독** : 병원 미생물의 생활력을 파괴하며, 감염의 위험성을 없애는 것을 말함

(2) **살균** : 미생물에 대한 물리 · 화학적 자극을 주어 미생물을 단시간 내에 사멸시킴

(3) **멸균** : 미생물을 완전 사멸하여 무균상태로 만드는 것

(4) **방부** : 미생물의 발육과 성장을 억제하여 식품의 부패를 방지하는 방법

(5) **소독제의 구비조건**

① 미량으로 살균력이 있어야 한다.
② 부식성과 표백성이 없어야 한다.
③ 저렴한 가격으로 사용법이 간단해야 한다.
④ 인축에 대한 독성이 적어야 한다.

(6) **소독과 살균법**

① 석탄산 : 3~5.0%의 수용액을 사용−기구, 손 등을 소독
② 역성비누 : 살균력이 강함−무독성으로 손, 식품, 기구(주방용품, 식기 류) 등에 주로

사용

③ 과산화수소 : 3.0% 수용액을 사용－피부 소독 및 상처 부위를 소독

④ 알코올 : 70~75% 용액을 주로 사용－손 소독

⑤ 생석회 : 오물 소독에 가장 우선적으로 사용

⑥ 승홍수 : 0.1% 수용액을 사용－손 소독

제3절 식품과 전염병

1. 전염병의 요인

① 전염원 : 보균자, 환자, 병원체 보유 동물

② 전염경로 : 환경

③ 숙주의 감수성

2. 법정 전염병의 분류

① 제1군(6종) : 콜레라, 페스트, 장티푸스, 파라티푸스, 세균성 이질, 장출혈성 대장균

② 제2군(10종) : B형 간염, 디프테리아, 백일해, 수두, 유행성이하선염, 일본뇌염, 파상풍 등

③ 제3군(17종) : 결핵, 공수병, 레지오넬라증, 탄저, 한센병, 성병, 후천성면역결핍증 등

④ 제4군(19종) : 뎅기열, 두창, 라싸열, 리슈마니아증, 조류인플루엔자 등

⑤ 지정(26종) : A형 간염, C형 간염, 광동주혈선충증, 사상충증 등

3. 인축 공통 전염병

사람과 동물(특히 척추동물)이 같은 병원체에 의해 감염되는 전염병

(1) 중요 인축 공통 전염병

① 탄저병 : 소, 말, 양 등의 포유동물

② 야토병 : 산토끼, 양

③ 결핵 : 소, 산양

④ 돈단독 : 돼지

⑤ 큐열(Q열) : 쥐, 소, 양 등

⑥ 파상열(브루셀라증) : 소, 돼지, 산양, 개, 닭, 산토끼

4. 식품과 기생충

1) 채소류에 의한 기생충 감염

① 회충 : 전 세계적으로 분포하며 인체에 기생하는 선충류 중 가장 크다.

② 구충 : 십이지장충이라고 하며 경구감염뿐만 아니라 경피감염도 된다.

③ 편충 : 우리나라를 비롯하여 온대지방에서 특히 감염률이 높다.

④ 요충 : 경구감염된 충란은 소장에서 부화된 다음 맹장 주위에서 기생하며 항문 주위로 이동해 산란한다. 손가락, 침구류 등을 통해 감염되기 쉽다.

⑤ 동양모양선충 : 구충과의 기생충으로 반투명의 회백색을 띤 가늘고 긴 모양의 충체

2) 육류를 통하여 감염되는 기생충

① 무구조충(민촌충) : 낭충이 기생하는 소고기를 불충분하게 가열하여 먹었을 때 감염되는 기생충

② 유구조충(갈고리촌충) : 주로 돼지고기로부터 감염되는 기생충

③ 선모충 : 자웅이체의 선충으로 피낭자충을 가진 돼지고기를 사람이 섭취하면 소장에서 탈피된 유충이 장점막에 침입한다.

3) 어패류를 통하여 감염되는 기생충

① 간흡충(간디스토마)

제1중간 숙주 : 왜우렁이, 제2중간 숙주 : 민물고기

② 폐흡충(폐디스토마)

제1중간 숙주 : 다슬기, 제2중간 숙주 : 게, 가재

③ 광절열두조충

제1중간 숙주 : 물벼룩, 제2중간 숙주 : 연어, 숭어, 농어

④ 요코가와흡충

제1중간 숙주 : 다슬기, 제2중간 숙주 : 담수어(특히 은어)

제4절 식중독

1. 세균성 식중독

1) 감염형 식중독

(1) 살모넬라균 식중독

① 원인균 : 무아포그람음성간균, 통성혐기성으로 주모성 편모

② 잠복기 : 보통 6~48시간(평균 20시간), 치명률 : 0.3~1.0% 정도

③ 증상 : 급성 위장염, 발열

④ 원인식품 : 육류, 난류, 어패류 및 그 가공품

(2) 장염비브리오균 식중독

① 원인균 : 3~5% 식염배지에서 잘 발육. 60℃에서 5분 가열로 사멸

② 잠복기 : 보통 8~20시간(평균 12시간)

③ 증상 : 급성위장염(복통, 구토, 수양성 설사)

④ 원인식품 : 해산 어패류의 생식, 젓갈류

(3) 병원성 대장균 식중독

① 원인균 : 생물학적으로 대장균은 젖당 및 포도당을 분해하여, 산과 가스를 생성시킨다.

② 잠복기 : 평균 10~24시간

③ 증상 : 설사, 발열, 두통, 복통

④ 원인식품 : 병원성 대장균에 오염된 모든 식품

※ 분변 오염의 지표(수질오염의 기준)

2) 독소형 식중독

(1) 황색포도상구균 식중독

① 원인균 : 황색포도상구균으로 불규칙한 포도송이 모양의 배열을 형성

② 독소 : 장독소(enterotoxin), 내열성이어서 120℃에서 20분간 가열하여도 파괴되지 않으며, 218~248℃, 30분간의 가열로 비로소 활성을 잃는다.

③ 잠복기 : 2~6시간(평균 3시간 정도로 세균성 식중독 중 가장 짧다.)

④ 증상 : 심한 복통을 유발하는 급성 위장염

⑤ 원인식품 : 우유, 육제품, 난제품, 김밥

(2) 보툴리누스균 식중독

① 원인균 : 그람양성의 편성혐기성 간균으로 내열성 포자를 형성

② 독소 : 신경독소

③ 잠복기 : 12~36시간이나 짧으면 2~4시간 이내에 신경증상이 나타남

④ 증상 : 초기증상은 메스꺼움, 신경마비증상, 치사율 50% 내외

⑤ 원인식품 : 유럽(햄, 소시지 조수육), 미국(과채류통조림), 러시아(생선가공식품)

(3) 기타 세균성 식중독

① 알레르기성 식중독

② 장구균 식중독

③ Aeromonas 식중독

④ 비브리오 패혈증

⑤ 아리조나 식중독

2. 자연독 식중독

1) 동물성 자연독에 의한 식중독

(1) 복어 중독 : 테트로도톡신(tetrodotoxin)

① 증상 : 지각이상, 운동장애, 호흡장애, 위장장애, 뇌증

② 예방 : 복어요리 전문가가 한 요리를 먹도록 하며 알뿐만 아니라 내장, 난소, 간, 피부 등에 독성이 많으므로 이런 부위를 먹지 않도록 주의하여야 한다.

(2) 패류 중독

① 삭시톡신(saxitoxin) : 섭조개, 대합, 홍합 등에 있는 독소

② 베네루핀(venerupin) : 모시조개, 굴, 바지락에 있는 독소

2) 식물성 자연독에 의한 식중독

(1) 감자 중독 : 솔라닌(solanine)

• 발아부위와 녹색부위 등에는 그 함량이 1g/kg 이상 달하는 경우가 있고 솔라닌이

0.2~0.48g/kg 이상일 때는 중독의 위험성이 있으며 보통 조리에 의하여 파괴되지 않는다.

(2) 목화씨 중독 : 고시폴(gossypol)

- 목화씨에는 고시폴이 함유되어 있으며 식용유 제조 시 제거되지 않으면 출혈성 신장염 등의 중독증상이 나타난다.

(3) 청매 중독 : 아미그달린(amygdalin)

(4) 독미나리 중독 : 시큐톡신(cicutoxin)

(5) 독버섯 중독 : 무스카린, 무스카리딘, 아마니타톡신, 팔린

① 독버섯에는 알광대버섯, 화경버섯, 외대버섯, 미치광이버섯, 무당버섯 등
② 독버섯의 감별법
- 버섯의 줄기가 세로로 쪼개지는 것은 무독하다.
- 색이 아름다운 것은 유독하다.
- 쓴맛, 신맛을 가진 것은 유독하다.
- 악취가 나는 것은 유독하다.
- 버섯을 끓일 때 나오는 증기에 은수저를 넣었을 때 흑변하는 것은 유독하다.

3. 화학성 식중독

1) 농약에 의한 중독

유기인제, 유기염소제, 유기수은제, 유기불소제, 금속함유농약

2) 중금속에 의한 식품오염

① 수은 : 미나마타병

② 카드뮴 : 이타이이타이병

③ 납 : 유약처리가 불충분한 도자기 그릇에서 산성식품으로 납이 용출되어 중독

④ 비소 : 의약품, 안료, 방부제, 살서제, 농약으로 널리 사용

3) 유해성 식품첨가물

(1) 유해성 감미료

파라 니트로 오르소 톨루이딘, 에틸렌 글리콜, 둘신(설탕의 250배의 감미), 시클라메이트, 페릴라르틴

(2) 유해성 인공착색료

아우라민(단무지), 로다민 B(분홍색 색소)

(3) 유해성 보존료

붕산(햄, 베이컨), 포름알데히드(주류, 장류), 불소화합물(육류, 알코올 음료), 승홍(주류) 등

(4) 유해성 표백료

롱갈리트(물엿), 삼염화질소(밀가루), 형광표백제(국수, 압맥)

4) 기구, 용기, 포장재의 유독성분

(1) 용기

금속제품, 유리제품, 도자기 및 법랑 피복제품, 합성수지

(2) 포장

종이 및 가공품, 합성수지

4. 곰팡이의 대사산물에 의한 식중독

(1) 곰팡이독

마이코톡신은 곰팡이가 생산하는 유독성 대사물로 마이코톡신에 의해 일어나는 질병을 진균중독증이라고 한다.

(2) 마이코톡신의 분류

① 간장독 : 동물에 간경변, 간종양 및 간세포의 괴사를 일으킴
② 신장독 : 급성 또는 만성신장염을 일으킴
③ 신경독 : 뇌나 중추신경계에 장애를 일으킴
④ 광과민성 피부염물질 : 사람이 일광을 쪼이면 피부염을 일으킴
⑤ 기타

제5절 식품첨가물

1. 식품첨가물 사용 목적

① 식품의 외관을 만족시키고, 기호성을 높이기 위함
② 식품의 변질, 변패를 방지
③ 식품의 품질을 개량하여 저장성을 높이기 위해
④ 식품의 향과 풍미를 개선하고 영양을 강화하기 위해
⑤ 식품의 제조에 필요로 하는 것

2. 식품첨가물의 조건

① 인체에 유해한 영향을 미치지 않을 것
② 식품의 제조, 가공에 필수불가결할 것
③ 식품목적에 따른 효과는 소량으로도 충분할 것
④ 식품의 상품가치를 향상시킬 것
⑤ 식품의 영양가를 유지할 것

3. 식품첨가물의 종류

(1) 보존료

식품의 변질 및 부패를 방지하고 식품의 신선도를 보존하여 영양가의 손실을 방지하는 데 사용되는 물질

① 데히드로초산 : 가공치즈, 버터류, 마가린류
② 소르브산, 소르브산칼륨 : 식육, 어육제품, 잼류
③ 안식향산, 안식향산나트륨 : 청량음료, 간장, 홍삼음료
④ 프로피온산(제과), 프로피온산 칼슘(제빵)

(2) 산화방지제(항산화제)

식품 중의 지방질 성분이나 유지류가 산패를 일으키는 유도기간 및 산화 속도를 연장하는 물질

① BHT, BHA : 식용유지류, 어패냉동품, 추잉껌
② 몰식자산프로필 : 식용유지류
③ 아스코르빌 팔미테이트 : 식용유지류, 마요네즈, 조제유류
④ 에리소르브산, 비타민 C

(3) 발색제

색을 고정 · 안정 · 선명하게 하여 발색을 촉진시키는 첨가물을 말한다.

아질산나트륨, 질산나트륨, 질산칼륨, 황산제일철

(4) 밀가루 개량제

밀가루 개량제를 사용하면 표백과 숙성기간의 단축 및 제빵저해물질의 파괴, 살균 등에 효과가 있다.－과산화벤조일, 과황산암모늄, 브롬산칼륨, 이산화염소, 염소, 스테아릴 젖산나트륨, 아조다이카본아마이드 등

(5) 표백제

유색물질을 화학적으로 분해 또는 변화시켜 무색의 물질로 만들기 위해 표백이 행해진다.－메티중아황산칼륨, 무수아황산, 아황산나트륨, 산성아황산나트륨 등

(6) 산미료

식품의 신맛은 향기를 동반하는 경우가 많으며 미각의 자극이나 식욕의 증진에 관여－초산 및 빙초산, 구연산, D-주석산, 푸마르산, 젖산 등

(7) 이형제

빵, 과자 제조 시 반죽을 용기나 모형 틀 등에서 분리하기 위해 사용하며 대두유, 미강유 등의 액상유지에 유화제, 증점제(호료)를 첨가하여 부착성을 향상시킨 것이다.

(8) 강화제

강화제란 미량으로서 영양효과가 있고 식품의 영양강화를 위하여 첨가되는 물질(비타민, 무기질, 아미노산 등)을 말한다.

(9) 호료(증점제)

식품에 첨가하면 매끈하고 점성이 커지며 그 외 분산안정제, 결착보수제 등의 역할을 한다.

(10) 소포제

식품첨가물로 식품제조 공정에서 단백질이나 질소화합물에 의해 거품이 발생하는 경우가 많다. 불필요한 거품의 생성을 억제 또는 제거하기 위하여 사용하는 첨가물을 말한다.

규소수지만이 식품에 사용할 수 있다.

(11) 착향료

상온에서 휘발성이 있으며 후각작용에 의해 식품, 화장품 등의 부향료로서 사용하는 물질이다.

수용성 향료, 유성 향료, 유화 향료, 분말 향료

(12) 살균제

멸균 또는 살균이란 병원균, 비병원균을 막론하고 모든 미생물을 사멸시키는 것을 말한다.

차아염소산 나트륨, 표백분, 과산화수소 등

(13) 감미제

합성 감미료는 당질 이외의 감미를 가진 화학적 합성품을 총칭하는 것으로 영양가가 없다.

사카린나트륨, 글리시르리진 2나트륨, 아스파탐, 스테비오사이드, 수크랄로스, 아세설팜 칼륨 등

샌드위치와 브런치카페 만들기

바게트 샌드위치

✳ 재료

바게트	1개
맛살	1개
오이	1/3개
슬라이스치즈	3장
피클	4개
양파	1/3개
적채	50g
양상추	3장
토마토	1개
슬라이스햄	4장

✳ 충전물 및 소스

마요네즈	30g
케첩	30g
허니머스터드 소스	30g

(마요네즈 10g, 머스터드 5g, 설탕, 꿀, 참깨, 흑임자, 소금, 후추 넣고 피클국물로 되기를 조설한다.)

✽ 만들기

❶ 바게트를 길이로 반으로 자르고 윗면 양쪽에 칼집을 넣은 후 한 면에 머스터드 소스, 한 면에는 케첩을 넣어준다.

❷ 오이는 길이로 8등분하여 준비하고 맛살은 1개를 반으로 갈라 준비한다.

❸ 피클은 길이로 8등분하고 양파, 적채, 양상추는 채썰어 준비한다.

❹ 토마토는 반달 모양으로 슬라이스한다.

❺ 바게트의 칼집 넣은 한 면에 오이, 맛살을 넣고 치즈를 길이에 맞춰 가운데 늘어놓은 후 피클과 양파, 마요네즈, 적채, 양상추, 토마토와 햄을 올려 충전물 소스를 뿌린다.

❻ 랩으로 단단히 말아서 1cm 크기로 자른다.

• Brunch : 바게트샌드위치 5~6개, 미니오믈렛, 토마토, 야채샐러드, 소시지, 감자, 음료 별도

✽ 기타

• 샌드위치는 수분이 가장 큰 적이므로 토마토와 같이 수분이 많은 재료를 이용할 경우 씨를 빼내고 사용하는 것이 바람직하다.

• 양상추, 적체 등 야채류는 찬물에 담가 사용해야 아삭아삭한 맛을 내며 수분을 제거한 후 사용하는 것이 바람직하다.

• 최고급 제과점의 샌드위치와 오믈렛의 만남, 브런치 매장의 인기 메뉴이다.

쉬림프 아보카도 샌드위치

※ 재료

포카치아	1개
조리한 새우	10~12개
아보카도	1/4개(슬라이스)
양상추	2쪽

※ 충전물 및 소스

타르타르 소스	60g
버터	20g

✿ 만들기

❶ 포카치아를 주머니처럼 만들고 안쪽에 버터를 바른다.

❷ 조리한 새우와 양상추, 타르타르 소스를 섞어 빵 안에 넣는다.

❸ 아보카도를 군데군데 넣는다.

• Brunch : 감자튀김, 토마토, 피클, 햄치즈, 소금에 절인 오이로 가니쉬하였다. 과일을 곁들여도 좋다. 새우의 맛과 향, 부드러운 아보카도는 최고급 레스토랑에서 빠지지 않는 메뉴이다.

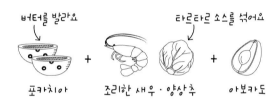

✿ 기타

• 새우 조리하기

새우 10~12개, 올리브오일 1T, 백포도주 1T, 소금 적당량

새우는 끓는 물에 데친 후 껍질을 벗긴다.

시판되는 칵테일 새우를 사용한면 편리하다.

데친 새우는 팬에 올리브오일, 소금, 백포도주를 넣고 살짝 볶는다.

• 포카치아 대신 올리브오일을 발라 토스트한 식빵이나 피타빵을 사용해도 좋다.

• 포카치아는 반으로 자른 후 칼집을 넣어 주머니처럼 만든다. 수입 상점에서 피타빵이라는 안이 텅 빈 주머니처럼 생긴 빵을 파는데 이 빵을 사용해도 좋다.

• 타르타르 소스는 마요네즈에 다진 양파와 피클을 넣어 만든다. 여기에 올리브오일을 넣으면 더욱 맛이 좋다.

베이컨 단호박 샌드위치

✳ 재료

베이글	1개
청겨자	2장
단호박 샐러드	100g
(단호박 1/2개, 마요네즈, 오이, 당근, 견과류)	
건포도	10개
베이컨	3장

✳ 충전물 및 소스

크림치즈	30g

✷ 만들기

❶ 베이글을 옆으로 자른 후 크림치즈를 바른다.

❷ 단호박 샐러드를 올리고 건포도를 올린다.

❸ 베이컨을 바싹 구워 0.5cm 잘라 올린다.

❹ 베이글에 크림치즈를 바르고 위에 덮는다.

- Brunch : 토마토와 야채 샐러드, 감자튀김, 달걀요리 1개
  부드러운 단호박에 바삭한 베이컨이 어우러져 건포도와 견과류가 동서양의 조화로 맛과 멋을 한층
  살려준다.

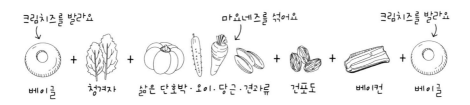

✷ 기타

단호박 샐러드 만들기

단호박의 씨를 파낸다. 물을 부은 그릇에 단호박을 넣은 후 랩으로 싸서 전자레인지에 15분 정도 데운
후 식으면 껍질을 벗겨 으깨서 마요네즈와 야채를 넣고 소금, 후추로 간한다.

에그 베네딕트

✳ 재료

잉글리시 머핀	1개
달걀	2개
베이컨	2개
소시지	1개
감자튀김	80g
방울토마토	

✳ 충전물 및 소스

홀랜다이즈 소스
(버터 100g, 다진 양파 15g, 다진 셀러리 15g,
난황 1개, 레몬즙, 소금, 후추)

❋ 만들기

1. 잉글리시 머핀을 반 갈라 굽기
2. 국자에 오일을 바르고 달걀을 깨뜨려 넣어 끓는 물에 올려 흰자가 1cm 정도 익으면 물에 3~4분 담가 반숙으로 수란을 만든다.
3. 베이컨은 머핀 크기로 잘라 노릇하게 굽는다.
4. 홀랜다이즈 소스는 중탕으로 올린 스테인리스에 달걀 노른자를 넣고 크림상태로 만든다. 녹인 버터를 조금씩 넣어 잘 저어준다. 여기에 레몬즙, 소금, 후추를 넣고 볶아놓은 다진 양파와 셀러리를 섞어 완성한다.
5. 담기 : 머핀+베이컨+수란+홀랜다이즈 소스

• Brunch : 소시지, 감자튀김, 방울토마토, 샐러드

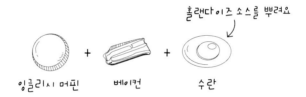

잉글리시 머핀 + 베이컨 + 수란 (홀랜다이즈 소스를 뿌려요)

❋ 기타

• 뉴욕인들이 찾는 정통 뉴욕 스타일의 브런치이다. 잉글리시 머핀 위에 베이컨과 수란을 올리고 홀랜다이즈 소스를 끼얹어 고급스러운 맛과 모양을 냈다.

• 홀랜다이즈 소스 : 홀란드는 원래 네덜란드를 의미하는 말로 네덜란드가 프랑스 식민지 시절 버터 등을 공물로 바치던 것이 소스의 이름이 되었다. 농도는 마요네즈보다 연해야 한다.

오픈 샌드위치

✳ 재료

바게트 슬라이스	4장	표고버섯	2개
적, 황 파프리카	1/4개	마늘	2쪽
닭 가슴살	1개	다진 파슬리	5g
양파	1/8개	다진 마늘	10g
깻잎	2장	올리브오일	
매시 포테이토	3큰술	간장, 식초, 설탕, 식용유	
소시지	1개		

✳ 충전물 및 소스

파프리카 소스 : 올리브오일, 식초, 설탕을 약간씩 넣어 설탕이 녹을 때까지 섞고 파슬리가루를 넣는다.

닭 가슴살 소스 : 간장, 설탕, 다진 마늘을 각각 2t씩 넣어 골고루 버무린다.

✳ 만들기

❶ 파프리카는 1.5cm로 썰어 식용유를 두른 팬에 구워 껍질을 벗긴 후 파프리카 소스에 30분간 재운다.

❷ 닭 가슴살은 사방 1.5cm 크기로 깍둑썰기하고 마늘은 편썰기, 표고버섯은 1cm 폭으로 썬 후 소스에 버무린다. 각각 식용유를 두른 팬에 노릇하게 구워낸다.

❸ 소시지는 1cm 폭으로 썰어 팬에서 굽는다.

❹ 깻잎 한 장을 말아 채썰고, 한 장은 반 가른다.

❺ 양파는 채썰어 물에 담근 후 물기를 제거한다.

❻ 폭 1.5cm로 어슷썬 바게트를 토스트한 후 윗면에 버터를 바른다.

❼ 각각의 바게트 위에 파프리카, 깻잎+닭 가슴살+양파, 표고버섯+마늘, 매시 포테이토+소시지+깻잎의 조합으로 4가지 오픈 샌드위치를 만든다.

버터를 발라요
 +
바게트　파프리카　깻잎 · 닭가슴살 · 양파　표고버섯 · 마늘　매시 포테이토 · 소시지 · 깻잎

✳ 기타

• 노릇하게 구운 바게트 위에 다양한 재료를 올려 샌드위치로 만든 오픈 샌드위치다. 눈으로 보는 맛도 쏠쏠하다.

• 매시 포테이토는 삶은 감자를 곱게 으깬 다음 생크림, 마요네즈, 소금을 넣어 버무린다. 피클과 함께 행사식으로 사용하기에 알맞다.

피자 토스트

❋ 재료

식빵	2장
슬라이스햄	1장
슬라이스치즈	1장
생크림	50g
피망	1/6개

❋ 충전물 및 소스

양파	60g
옥수수	10g
햄	1/4장
맛살	1/4개
피망	1/6개
모차렐라치즈	50g
마요네즈	100g

✳ 만들기

❶ 충전물 만들기 : 양파, 햄, 맛살, 피망을 채썰어 옥수수, 모차렐라치즈와 마요네즈를 골고루 버무린다.

❷ 생크림은 거품을 낸다.

❸ 햄은 데쳐 놓는다.

❹ 피망은 둥글게 슬라이스한다.

❺ 식빵에 거품낸 생크림을 바른 후 슬라이스햄과 치즈를 올리고 생크림을 바른 빵으로 덮는다. 그 위에 충전물을 올리고 피망과 옥수수를 올려 굽는다.

- 오븐 170도에서 25~30분
- Brunch : 샐러드, 감자튀김, 햄, 과일, 달걀요리 1종

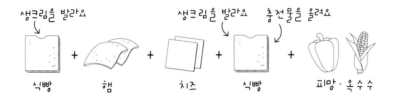

생크림을 발라요   생크림을 발라요   충전물을 올려요

식빵 + 햄 + 치즈 + 식빵 + 피망 · 옥수수

✳ 기타

- 생크림의 풍부한 맛과 여러 가지 야채의 색감 그리고 치즈의 쫄깃함이 입 안을 풍부하게 한다.
- 피자 소스를 이용하여 피자 고유의 맛을 내도 손색이 없다.

타코 샐러드

❋ 재료

다진 쇠고기	300g
칠리파우더	1T
다진 양파, 강낭콩	2T
소금, 후추	
체더치즈	1장

❋ 충전물 및 소스

토르티야 큰 것	1장
양상추잎	2장
양파, 당근, 오이	각 1/3개씩
방울토마토	5개
나초칩	8개

✲ 만들기

❶ 토르티야 국자로 눌러 튀기거나 오목한 그릇에 담아 오븐에서 200도로 10분간 굽는다.

❷ 채소 썰기 : 양상추는 손으로 뜯고, 양파와 당근은 채썬다. 오이는 슬라이스하고, 방울토마토는 반으로 가른다.

❸ 토르티야 그릇에 준비한 채소를 모두 섞어 담고 그 위에 나초칩을 올린다.

❹ 기름 두른 팬에 다진 쇠고기를 넣어 볶다가 칠리파우더, 다진 양파, 강낭콩을 넣고 소금, 후추로 간한 후 치즈를 넣어 자연스럽게 녹인 후 토르티야 샐러드 위에 얹는다.

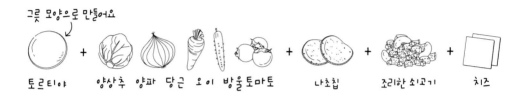

그릇 모양으로 만들어요

토르티야 + 양상추 양파 당근 오이 방울토마토 + 나초칩 + 조리한 쇠고기 + 치즈

✲ 기타

• 토르티야 그릇에 담아내는 멕시칸 샐러드로 칠리 소스를 넣어 볶은 쇠고기의 매콤한 맛과 다양한 야채가 어우러져 모양만큼이나 특별한 맛을 낸다. 그릇까지 먹는 재미가 쏠쏠하다.

Memo

피자 오픈 샌드위치

❋ 재료

밀전병	1장
시판 토마토 소스	60g
베이컨	3장
양파	1/8개
피망	1개
모차렐라치즈	100g
파르메산(파머산)치즈	30g
양송이버섯	3개
새우	100g
크레송	10g

❋ 충전물 및 소스

토마토 소스

토마토 껍질을 제거하고 양파를 넣어 볶는다. 여기에 다진 마늘, 월계수잎+파슬리 줄기+소금+후추+향신료를 넣어 토마토가 완전히 물크러지도록 약한 불에서 조린다.

(토마토 1개, 양파 1/2개, 마늘 2쪽, 월계수잎 1장, 파슬리 줄기 1개, 소금, 후추 1/2t)

✳ 만들기

❶ 밀전병 위에 토마토 소스를 바른다.

❷ 베이컨, 양파, 피망, 양송이버섯, 새우 등을 올린다.

❸ 모차렐라치즈와 파르메산치즈를 뿌린다.

❹ 치즈가 녹아 노릇해질 때까지 살짝 굽는다.

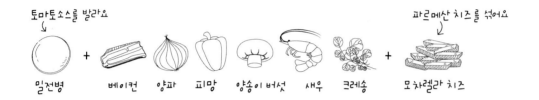

✳ 기타

• 재료들이 드러나 더욱 먹음직스러운 오픈 샌드위치. 바삭한 밀전병과 부드러운 치즈, 채소의 맛이 조화롭다.

• 밀전병 만들기

밀가루와 우유 1 : 1의 비율에 소금을 약간 넣어 반죽한다.

기름을 살짝 두르고 키친타월에 기름을 묻혀 프라이팬을 닦는다.

약한 불에서 얇게 부친다.

갈릭 드레싱 쌀포카치아

✳ 재료

포카치아	1장
겨자잎	1장
청피망 슬라이스	3조각
토마토 슬라이스	3장
구운 베이컨	3장
갈릭 드레싱	
바질 소스	
홀 머스터드	

✳ 충전물 및 소스

갈릭 드레싱
올리브오일 3 : 마늘 1

바질 소스
데친 바질 100g, 올리브오일 60g, 잣 30g, 마늘 10g, 파머산(파르메산)치즈, 소금, 후추

✴ 만들기

❶ 포카치아에 바질 소스를 바른다. 겨자잎을 올리고 갈릭 드레싱을 뿌린다.

❷ 청피망, 토마토, 구운 베이컨을 얹고 홀 머스터드를 바른다.

❸ 포카치아로 덮는다.

• Brunch : 달걀요리 1개, 감자 샐러드, 맛살 튀김, 토마토, 과일을 올린다. 그릴드 홍합

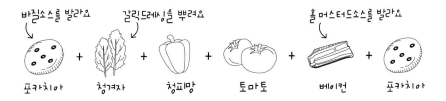

✴ 기타

• 포카치아에 베이컨과 겨자잎을 넣고 갈릭 드레싱을 얹어 한국인의 입맛에 잘 맞는 샌드위치다.

• 포카치아를 쌀가루로 만든 쌀포카치아를 사용하면 한층 고급스럽다.

• 베이컨 사용 시에는 베이컨의 소금간에 주의하여 조리한다.

Memo

팬 케이크

❋ 재료

밀가루	500g
베이킹파우더	20g
우유	500ml
달걀	80g
소금	
버터	20g
슈가파우더	10g
블루베리잼	2T

❋ 충전물 및 소스

애플 토핑

사과 1/2개의 껍질을 벗겨 잘게 썰고 팬에 버터를 둘러 사과와 물 1/2컵을 넣고 졸인다. 반정도 졸여지면 설탕 1T과 레몬즙 1T을 넣고 졸인다. 사과가 거의 졸여지면 시나몬파우더를 넣고 섞는다.

✳ 만들기

❶ 밀가루와 베이킹파우더를 체에 내린다.

❷ 우유에 달걀, 설탕, 소금, 버터를 모두 넣고 핸드믹서로 잘 섞는다.

❸ ①과 ②를 핸드믹서에 넣어 반죽을 완성한다.

❹ 팬에 타월을 이용해서 기름을 바른 후 반죽을 떠서 둥글게 올려 약한 불에서 굽다가 반죽 위에 기포가 생기면 뒤집는다.

❺ 팬 케이크 3장을 담고 그 위에 슈가파우더를 뿌린 후 블루베리 토핑을 한다.

• Brunch : 스크램블에그, 베이컨 2조각, 소시지 1개, 샐러드를 담아낸다. 새우튀김과 연어

✳ 기타

• 완성 후에 방울토마토와 허브를 이용하여 모양을 낸다.

• 입안에서 녹아내리는 폭신폭신한 팬 케이크를 층층이 쌓아 올린 먹음직스러운 팬 케이크. 그 위에 새하얀 슈가파우더가 보기만 해도 달콤하다. 블루베리잼을 듬뿍 올려 맛을 더했다.

햄 앤 에그 샌드위치

✳ 재료

식빵	3장	양파 슬라이스	2개
햄	1장	체더치즈	1장
양상추	3장	홀 머스터드	
겨자잎	2장	마요네즈	
도마토 슬라이스	3장		
적 · 청 피망 슬라이스	각 4개		

충전물 및 소스

에그 샐러드 : 삶은 달걀 2개를 으깨어 소금, 마요네즈, 후추와 섞는다.
옐로 머스터드 드레싱 : 마요네즈, 머스터드, 꿀을 동량으로 섞는다.

만들기

❶ 식빵에 머스터드 드레싱을 바르고 양상추와 에그 샐러드를 올리고 홀 머스터드 바른 빵을 올린다.
❷ 마요네즈+햄+겨자잎+토마토+적, 청피망+양파+체더치즈+옐로 머스터드 드레싱 바른 빵을 올린다.

• Brunch : 감자튀김, 토마토, 오이샐러드 · 달걀요리, 햄을 곁들여 담아낸다. 새우튀김

기타

• 체더치즈는 튀지 않고 무난한 맛을 내기 때문에 사용한다. 기호에 따라 다른 치즈를 넣어도 좋다.

미니버거 샌드위치

✳ 재료

재료 : A		셀러리	20g
모닝빵	6개	사과	30g
마요네즈		옥수수	20g
딸기 또는 방울토마토	3개	다진 땅콩	5g
		건포도	16g
재료 : B		마요네즈	20g
삶은 감자	70g	백후추 약간	
삶은 달걀	1개		
오이	40g		

❋ 충전물 및 소스

허니머스터드 소스

❋ 만들기

❶ 재료 B는 모두 0.5cm 크기로 깍둑썰기하여 버무려 둔다.

❷ 재료 A 중

빵은 반 갈라 토스트한 후 허니머스터드 소스를 바른다.

딸기나 방울토마토는 씻어 반 갈라 놓는다.

❸ 빵 위에 B 샐러드를 올리고 방울토마토로 장식한 후 마무리한다.

• Brunch : 미니버거 2개, 오믈렛, 감자튀김, 샐러드, 토마토, 햄 3조각, 석화 크림 소스

❋ 기타

• 보기에 앙증맞으며 한 끼의 브런치로 손색이 없다. 양이 많을 경우 포장이 용이하고 take out용으로 인기가 높고 남녀노소 누구나 좋아한다.

뉴욕 터키햄 샌드위치

✱ 재료

포카치아 빵	1개
터키햄 슬라이스	5장
베이컨	1개
상추잎	1장
토마토	1/3개
발사믹 마요네즈 드레싱	

✱ 충전물 및 소스

발사믹 마요네즈 드레싱	
발사믹 식초	15g
타바스코	10g
마요네즈	200g

❈ 만들기

❶ 베이컨은 굽고, 상추는 썻고, 토마토는 슬라이스하여 준비한다.

❷ 발사믹 마요네즈 만들기

❸ 포카치아 빵은 반 갈라 토스트한다.

❹ 빵 한쪽에 터키햄 슬라이스, 베이컨, 양상추, 토마토를 순서대로 올린다.

❺ 토마토 위에 발사믹 마요네즈 드레싱을 끼얹고 나머지 빵으로 덮은 다음 반 갈라 접시에 담는다.

• Brunch : 감자 삶아서 샐러드 만들기, 양상추 샐러드, 소시지, 토마토를 곁들여 낸다. 가리비구이

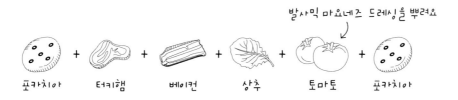

발사믹 마요네즈 드레싱을 뿌려요

포카치아 + 터키햄 + 베이컨 + 상추 + 토마토 + 포카치아

❈ 기타

• 포카치아 빵 위에 칠면조 가슴살로 만든 터키햄과 베이컨, 토마토 등을 푸짐하게 올린 뉴욕 스타일의 정통 샌드위치. 쫄깃하고 담백한 터키햄과 부드럽고 고소한 발시믹의 향이 조화롭고 깔끔한 맛을 낸다.

• 터키햄 : 칠면조(turkey) 가슴살로 만들어 지방이 없고 담백한 터키햄은 건강식이다. 수입품 매장에서 구입할 수 있다.

새우버거

✻ 재료

햄버거 번	1개
양상추	1장
양파 슬라이스	1개
사과	1/8개
마요네즈	
패티	
생새우	300g
전분	60g
달걀 노른자	1개
소금, 후추	

✻ 충전물 및 소스

타르타르 소스	
마요네즈	70g
피클	15g
양파	15g
파슬리	
달걀	1개
소금	
백후추	
레몬	1/4개
허니머스터드 소스	

❋ 만들기

❶ 양상추 준비, 양파, 사과는 둥글게 슬라이스한다.

❷ 패티 만들기 : 새우는 잘게 다져 전분, 달걀 노른자, 소금, 후추를 넣어 잘 섞은 후 모양을 만들어 팬에 굽는다.

❸ 햄버거 번은 크라운과 힐에 허니머스터드 소스를 바른다.

❹ 힐+양상추+마요네즈+새우패티+타르타르 소스+양파+사과+크라운을 넣고 덮는다.

• Brunch : 감자튀김, 토마토, 새우머리 튀긴 것, 소시지, 달걀요리

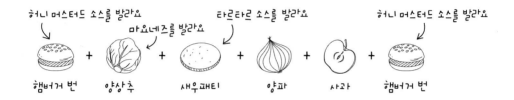

❋ 기타

• 햄버거 패티 만들기

쇠고기 50g, 돼지고기 50g, 빵가루, 다진 양파, 다진 마늘, 다진 셀러리, 너트메그, 올스파이스, 케첩, 우스터 소스, 핫소스, 소금, 후추를 충분히 치대어 끈기가 생기게 한다.

Memo

해물 키슈

✳ 재료

파이반죽

밀가루	200g
버터	100g
달걀	1개
물(조절)	10ml
소금	5g
너트메그 가루	조금

파이크림

생크림	150g
우유	50ml
달걀 노른자	3개
에멘탈치즈	100g
너트메그 가루	
소금, 후추	

파이 속재료

오징어	50g
홍합살	
칵테일새우	40g
브로콜리	1송이
레드페퍼	1t
올리브오일	
소금, 후추	

�֍ 충전물 및 소스

크림 소스 대신 토마토 소스를 이용해도 된다.

✖ 만들기

❶ 파이반죽 : 밀가루와 실온에 녹인 버터를 잘 섞은 후 달걀, 물, 소금, 너트메그 가루를 넣고 반죽을 만든다. 반죽은 랩을 씌워 1시간 정도 냉장 휴지시킨다.

❷ 파이틀 만들기 : 파이틀에 버터와 밀가루를 바르고 파이반죽을 여러 번 치대어 밀대로 민 다음 틀에 안쳐서 모양을 잡고 넘치는 부분은 잘라낸다.

❸ 파이크림 : 에멘탈치즈를 제외한 파이크림 재료를 잘 섞은 후 마지막에 에멘탈치즈를 넣어 파이크림을 만든다.

❹ 해물 손질 : 오징어, 홍합살, 새우는 한입 크기로 만들어 올리브오일을 두른 팬에 센 불로 볶는다.

❺ 재료 안치기 : 파이틀에 해물+데쳐 놓은 브로콜리+파이크림+레드페퍼+소금+후추를 뿌린다.

❻ 굽기 : 160도 오븐에서 25분

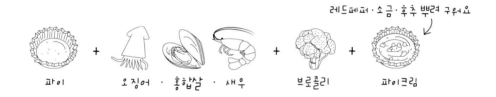

레드페퍼 · 소금 · 후추 뿌려 구워요

파이 ＋ 오징어 · 홍합살 · 새우 ＋ 브로콜리 ＋ 파이크림

✖ 기타

• 타르트 속에 홍합, 새우, 오징어 등 해물과 레드페퍼를 뿌려 칼칼한 맛을 낸 프랑스식 전통파이이다.

• 해산물은 계절이나 입맛 · 취향 등을 고려하여 대체할 수 있다. 홍합살을 조갯살로 대체해도 좋다.

참치 페이스트 샌드위치

❋ 재료

호밀빵	2장
양파 슬라이스	2장
참치 페이스트	
양상추	2장
버터	

❋ 충전물 및 소스

참치 페이스트

참치캔	1개
마요네즈	1T
생크림	1T
레몬즙	1t
소금	
후추	

참치캔의 기름을 제거하고 모두 넣어 잘 으깨면서 반죽한다. 양파와 피클을 다져 넣기도 한다.

✱ 만들기

❶ 호밀빵에 버터를 바른다.

❷ 양상추를 올린다.

❸ 참치 페이스트를 올린 후 양파를 올린다.

❹ 나머지 빵을 덮는다.

• Brunch : 감자튀김, 토마토, 소시지, 달걀요리(over easy), 샐러드

✱ 기타

• 마요네즈와 생크림이 들어간 부드러운 참치 페이스트에 레몬즙으로 깔끔한 맛을 주었다.

• 참치 샐러드 만들기 : 참치캔, 다진 마늘 1t, 다진 셀러리 2T, 마요네즈, 소금, 후추

• 참치의 이름 : 다랑어, 투나, 가쓰오부시, 가다랭이, 마구로 등등

Memo

훈제연어와 크림치즈 샌드위치

❋ 재료

베이글	1개
엽목단	1장
훈제연어	3조각
적양파, 양파 슬라이스	3조각
피클 슬라이스	5조각
크림치즈	적당량
호스래디시, 케이퍼	적당량

❋ 충전물 및 소스

크림치즈	

✳ 만들기

❶ 베이글을 옆으로 잘라 크림치즈를 바른다.

❷ 베이글+엽목단+적양파+피클+훈제연어+호스래디시+케이퍼+베이글

• Brunch : 감자튀김, 토마토, 소시지, 달걀요리, 샐러드, 팽이버섯

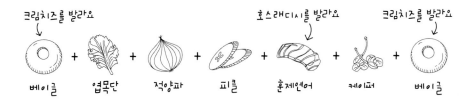

크림치즈를 발라요　　　　　　　호스래디시를 발라요　　크림치즈를 발라요

베이글　＋　엽목단　＋　적양파　＋　피클　＋　훈제연어　＋　케이퍼　＋　베이글

✳ 기타

• 베이글 : 끓는 물에 한 번 익힌 후 다시 오븐에 구움으로써 얻어지는 쫄깃한 식감 때문에 이용한다. 버터가 들어가지 않아 다이어트용 건강 빵으로 관심을 모으고 있다.

Memo

머시룸 치킨 살사 브루스케타

✳ 재료

치아바타	1개	표고버섯	2개
버터	20g	애느타리버섯	5가닥
닭 가슴살	50g	발사믹 크림	10g
소금, 후추		모차렐라치즈	60g
살사 프레스카	80g	바질잎	3장
양송이버섯	3개		

✳ 충전물 및 소스

살사 프레스카(멕시코의 대표적 소스) : 황 파프리카 1/3개, 청양고추 1개, 토마토 1개, 오이 1/2개, 대파 한 뿌리 10g, 고수잎 3g을 모두 잘게 썰고, 레몬즙 1/2T, 레몬주스 250ml, 설탕 2t, 올리브오일 2/3T, 소금, 후추를 넣어 잘 섞어준다.

✳ 만들기

❶ 치아바타는 옆으로 반 갈라 안쪽에 버터를 바른다.

❷ 닭 가슴살은 소금, 후추를 뿌려 그릴에 구워 익힌 후 1cm로 썬다.

❸ 살사, 닭 가슴살 올리기 : 한쪽 치아바타 위에 살사 프레스카와 닭 가슴살을 버무려 올리고 파머산 (파르메산)치즈를 갈아서 뿌린다.

❹ 양송이, 표고, 애느타리버섯은 채썰어 발사믹 크림과 팬에 볶는다.

❺ 치아바타에 볶은 버섯을 올리고 모차렐라치즈를 넉넉히 뿌린다.

❻ 치아바타+살사 브루스케타+닭 가슴살+파머산치즈, 치아바타+버섯+모차렐라치즈를 190도의 오븐 에서 5분간 굽는다.

✳ 기타

• 마늘바게트 대신 담백한 치아바타를 사용해서 만든 머시룸 치킨 살사 브루스케타. 바삭하게 구운 치아바타 위에 각종 버섯과 닭 가슴살을 살사 프레스카에 버무려 올려 색다르게 즐길 수 있도록 만 들었다.

B.L.T 샌드위치

❋ 재료

식빵	3장
베이컨	6장
토마토	2조각
양상추	2장
타르타르 소스	
버터	
소금, 후추	

❋ 충전물 및 소스

타르타르 소스(Tartar sauce)

허니머스터드 소스

❋ 만들기

❶ 식빵 3장에 토스트한 후 허니머스터드 소스를 바른다.

❷ 베이컨을 굽는다.

❸ 식빵 한 장에 양상추+마요네즈+베이컨+식빵+양상추+타르타르 소스+토마토+소금, 후추+식빵을 넣어 삼각으로 썬다.

• 가니쉬 : 감자튀김, 토마토, 피클, 파슬리, 애느타리버섯

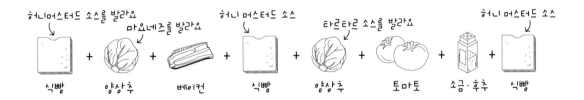

❋ 기타

• 미국의 대표적인 샌드위치 중 하나이며 샌드위치 전문점에서 빠져서는 안될 메뉴이다.

• 토마토 : 가열해도 영양소가 파괴되지 않아 샌드위치의 재료로 빠지지 않는 식품이다. 토마토를 고를 때는 꼭지가 싱싱하고 표면에 윤기가 흐르는 것을 선택하는것이 좋다. 15~18도 정도에서 보관해야 맛을 오래 유지할 수 있다.

Memo

등심 찹쌀말이 샌드위치

✳ 재료

햄버거 번	1개
찹쌀가루	40g
무순	10g
쇠고기 등심	80g
황 · 적 파프리카	각 1/5개
팽이버섯	20g
소금, 후추, 식용유, 마요네즈	

✳ 충전물 및 소스

오리엔탈 소스

진간장 60g, 연겨자 12g, 참기름 12g, 식초 20g, 설탕 30g, 통깨 12g, 배즙 20g, 레몬즙 10g, 다진 파 20g, 전분 4g, 물 6g, 다진 마늘 12g

✳ 만들기

❶ 오리엔탈 소스 만들기 : 전분과 물을 제외한 모든 재료를 섞어 졸인 후 전분과 물 섞은 것을 마지막에 투입하여 걸쭉하게 만든다.

❷ 등심에 소금, 후추를 뿌린 다음 찹쌀가루를 묻혀 식용유를 두른 팬에 노릇하게 굽는다.

❸ 황·적 파프리카는 가늘게 채썰고, 팽이버섯과 무순은 씻어 수분을 제거한다.

❹ 햄버거 크라운과 힐에 마요네즈를 바른다.

❺ 등심+오리엔탈 소스+4가지 야채를 넣고 말아준다.

❻ 힐에 등심을 올리고 크라운을 덮는다.

✳ 기타

• 퓨전 샌드위치의 하나로 동·서양의 조화를 이뤄 아름다우며 외국인의 흥미를 끌 수 있는 메뉴이다.

Memo

치킨 아보카도 토르티야 랩

✴ 재료

닭 가슴살	130g		모차렐라치즈	50g
토르티야	1장		시저 소스, 살사 소스	2T

닭 가슴살 양념

카레가루, 칠리 소스	1t		샐러드 채소	30g
맛술 1t, 올리브오일, 소금, 후춧가루	조금씩		프렌치 드레싱	
			감자튀김	100g
아보카도, 토마토	1/3개씩		토마토케첩	
슬라이스 피클	4개			

❋ 충전물 및 소스

시저 소스

난황 2개, 파머산치즈 · 올리브오일 각 5T, 머스터드 소스 2T, 설탕 1T, 소금 1t를 분량대로 잘 섞으면 된다. 시저 소스는 닭고기와 크루통, 파머산치즈가 들어간 시저 샐러드에 주로 이용된다.

살사 소스

토마토 1개, 양파 1/2개, 피망 1/2개, 레몬 소스 2T, 타바스코 1T, 케첩 약간, 소금, 잘게 부순 통후추, 후추를 잘게 다지고, 토마토는 콩카세하여 잘 섞어준다.

프렌치 드레싱

샐러드유 4T, 식초 2T, 소금 2/3t, 후추, 설탕

물기 없는 볼에 소금, 후추+샐러드유를 조금씩 부어 걸쭉해질 때까지 거품기로 저은 후, 식초를 조금씩 부어 걸쭉해지면 설탕을 넣는다.

❋ 만들기

❶ 닭 가슴살 양념+닭 가슴살을 버무린다. 양념이 배면 그릴에 구운 후 1cm 두께로 썬다.

❷ 토르티야를 구워 시저 소스를 바른다.

❸ 아보카도를 손질하여 길이로 슬라이스한다.

❹ 토마토, 치즈는 아보카도와 같은 크기로 썰어준다. 모차렐라치즈 50g을 다져 놓는다.

❺ 토르티야+토마토+피클+아보카도+닭 가슴살+살사 소스+모차렐라치즈를 그릴에 3분간 구워 먹기 좋게 반 갈라 담아낸다.

• Brunch : 감자튀김, 토마토, 소시지, 달걀요리, 샐러드+프렌치 드레싱

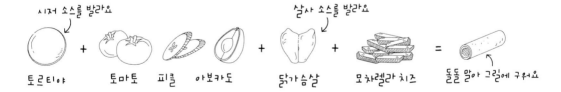

❋ 기타

• 숲의 버터로 불리며 풍부한 영양과 부드러운 맛을 자랑하는 아보카도 위에 모차렐라치즈와 살사 소스, 시저 소스를 듬뿍 끼얹어 샌드위치 맛을 한껏 살렸다.

• 이탈리안 드레싱 : 프렌치 드레싱 5T+양파 2T, 다진 토마토 3T, 다진 파슬리 1T

• 양파 드레싱 : 프렌치 드레싱 5T+양파즙 1T, 겨자 1t, 설탕 2/3t

• 딸기 드레싱 : 프렌치 드레싱 5T, 딸기 100g을 믹서기에 10초 정도 간다.

클럽샌드위치

❋ 재료

식빵	3장
양상추	2장
베이컨	3조각
토마토 슬라이스	2조각
닭 가슴살 슬라이스	3조각
홀 머스터드 소스	분량
마요네즈	분량

❋ 충전물 및 소스

닭 가슴살 삶기 : 청주 3T, 소금, 후추에 닭 가슴살을 재운다.

✳ 만들기

① 식빵을 토스트한다.

② 닭 가슴살은 삶아 놓는다.

③ 홀 머스터드 소스를 만든다.

④ 식빵+홀 머스터드+양상추+베이컨+마요네즈+식빵+양상추+토마토+닭 가슴살+마요네즈+식빵

- Brunch : 감자튀김, 토마토, 소시지, 달걀요리, 샐러드

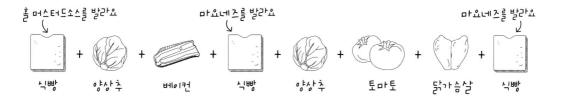

✳ 기타

- 토스트한 식빵 3장으로 만드는 풍성한 느낌의 샌드위치. 피크닉 샌드위치로 제격이다.
- 샌드위치 식빵 가장자리는 톱을 켜듯이 자르되 칼날에 붙은 속재료를 닦아 내면서 잘라야 깔끔한 샌드위치를 만들 수 있다.

- 샌드위치 자르는 법 :

시푸드 샌드위치

✳ 재료

치아바타	1개	모차렐라치즈	200g
새우	8마리	양상추	적당량
오징어	1마리	어린 잎 채소	적당량
홍합살	300g	토마토 슬라이스	3장
가리비	5개	홀 머스터드	적당량
올리브오일	적당량	마요네즈	적당량
생크림	300ml	꿀	적당량

✳ 충전물 및 소스

머스터드 마요네즈 : 홀 머스터드+꿀+마요네즈는 동량으로 섞는다.

✳ 만들기

❶ 새우, 어징어, 한치는 껍질을 벗기고 손질하여 3cm 크기로 자른다.

❷ 홍합살과 가리비도 손질하여 3cm 크기로 자른다.

❸ 올리브오일을 두른 프라이팬에 해물을 넣고 볶는다.+생크림+모차렐라치즈+약한 불에서 조린다.

❹ 치아바타를 옆으로 자르고+머스터드 마요네즈+양상추+어린 잎 채소+토마토+조리한 해산물+치아
바타로 덮는다.

❺ 파니니 그릴에 굽는다.

• Brunch : 감자튀김, 토마토, 소시지, 달걀요리, 샐러드, 맛송이버섯

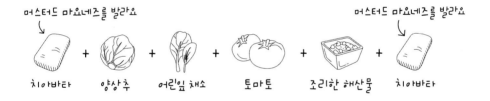

✳ 기타

• 새우와 오징어, 가리비 등의 해산물을 생크림, 모차렐라치즈에 조려서 샌드한 톡특한 맛의 샌드위
치

• 오징어와 한치는 다른 재료에 비해 익으면 수축이 크게 일어나기 때문에 3~4cm 크기로 자른다. 시
푸드의 크기에 따라 완성된 샌드위치의 식감이 달라진다.

• 생크림, 치즈, 시푸드를 약한 불에서 장시간 조려 시푸드에 맛이 배게 하는 것이 중요하다.

에그로얄

❋ 재료

베이글	1개
훈제연어 슬라이스	4장
사워크림	1T

스크램블에그

달걀	2개
생크림	1T
파슬리가루, 소금	

파프리카 소스

다진 황ㆍ적 파프리카	1/2개씩
다진 양파	1/4개
레몬즙	1/2T
올리브오일	1T
소금, 후추	조금

❋ 충전물 및 소스

파프리카 소스

다진 황 · 적 파프리카	1/2개씩
다진 양파	1/4개
레몬즙	1/2T
올리브오일	1T
소금, 후추	조금

❋ 만들기

❶ 파프리카와 양파 잘게 썰어 레몬즙, 올리브오일, 소금, 후추와 섞은 후 냉장 보관

❷ 가니쉬 준비 : 화이트소시지, 베이컨 1장, 느타리버섯 3가닥, 피클

❸ 베이글 구운 후 스크램블에그 만들기

❹ 베이글+스크램블에그+훈제연어+파프리카 소스+사워크림+베이글 순으로 담기

• Brunch : 화이트소시지, 베이컨 1장, 느타리버섯 3가닥, 피클

파프리카 소스를 뿌려요

베이글 + 스크램블 에그 + 훈제연어 + 사워크림 + 베이글

❋ 기타

• 베이글 빵에 스크램블과 훈제연어를 올리고 파프리카 소스를 끼얹어 만든 샌드위치. 톡쏘는 맛이 있는 사워크림을 곁들여 상큼한 맛을 더했다. 색이 좋고 내용물이 풍부해 오픈 샌드위치로도 손색이 없다.

• 사워크림은 생크림을 발효시켜 만든 크림 소스로 멕시코 조리에 많이 사용된다.
직접 제조 : 생크림 5 : 요구르트 1 : 우유 0.5로 상온에서 72시간 발효하고 휘핑하여 사용한다. 다진 양파, 피클, 레몬즙, 소금, 후추로 맛을 낸다.

하와이안 햄버거

❋ 재료

햄버거 번	1개
청겨자	1장
패티	1장
토마토 슬라이스	1조각
양파 슬라이스	1조각
그린 홍합	2개
구운 파인애플 슬라이스	1조각
바비큐 소스	
버터	

❋ 충전물 및 소스

바비큐 소스

다진 양파	20g
셀러리	10g
케첩	50g
우스터 소스	10g
식초	15g
설탕	15g

핫소스, 월계수잎과 야채를 볶다가 케첩을 넣고 나머지도 분량대로 넣어 졸인다.

✳ 만들기

❶ 햄버거 번은 토스트하고 버터를 바른다.

❷ 패티와 파인애플은 구워 놓는다.

❸ 힐+버터+청겨자+토마토+양파+패티+바비큐 소스+파인애플+버터+크라운

• Brunch : 화이트소시지, 베이컨 1장, 느타리버섯 3가닥, 피클, 나초, 그린 홍합

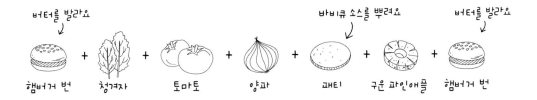

✳ 기타

• 파인애플이 많이 나는 하와이의 이름을 딴 햄버거로 달콤한 파인애플이 햄버거의 느끼함을 덜어주고 향을 더한다.

• 파인애플은 캔으로 되어 있는 것을 사용한다.

• 패티를 구운 후 팬을 닦지 말고 파인애플을 굽는다.

Memo

치즈 롤 샌드위치

✽ 재료

식빵	3장
팽이버섯	1/2묶음
슬라이스햄	2장
청·황·적 파프리카	각 1/3개
피클	1/3개
석화(참굴)=굴조개	2개
카레향 스프레드	
크림수프가루	50g
카레	30g
물	40g
슬라이스치즈	1/2장
다진 양파	10g

✽ 충전물 및 소스

카레향 스프레드

크림수프가루	5g
카레	3g
물	40g
슬라이스치즈	1/2장
다진 양파	10g

모두 넣고 약한 불로 조린다.

✳ 만들기

❶ 파프리카와 피클은 채썬다.

❷ 햄은 데쳐 1/2로 자르고 팽이버섯은 씻어 물기를 제거한다.

❸ 카레 스프레드 만들기

❹ 식빵의 껍질을 제거한 후 마르지 않도록 물을 분무하여 준다.+카레 스프레드+햄+청 · 황 · 적 파프리카, 팽이버섯을 올린 후 김발을 이용해 말고 팬에 버터를 둘러 노릇하게 구워준다.

• Brunch : 화이트소시지, 베이컨 1장, 맛송이, 피클, 석화

물을 분무한 후 카레 스프레드를 발라요

식빵 + 햄 + 파프리카 · 팽이버섯 = 김발을 이용해 말아요 + 버터로 구워요

✳ 기타

• 피크닉용으로 좋으며 커피 전문점에서 미리 준비하여 저렴하게 판매할 수 있다.

• 랩을 이용하여 포장한다.

불고기 샌드위치

❋ 재료

치아바타	1개
불고기	100g
상추	2장
새우(중화)	3개
구운 애호박 슬라이스	2조각
구운 가지 슬라이스	2조각
구운 양파 슬라이스	2조각
올리브오일	
버터	

❋ 충전물 및 소스

타르타르 소스

불고기 양념

샐러드와 딸기 프렌치 드레싱

✱ 만들기

❶ 치아바타를 옆으로 자른다.

❷ 양념한 불고기를 팬에 익힌다.

❸ 애호박, 가지, 양파를 올리브오일을 두른 팬에 굽는다.

❹ 치아바타+상추+불고기+애호박+가지+양파+치아바타

• Brunch : 화이트소시지, 구운 마늘 3개, 느타리버섯 3가닥, 피클 2개, 새우(중하) 3개

치아바타 + 상추 + 조리한 불고기 + 애호박 + 가지 + 양파 + 치아바타

✱ 기타

• 한 끼 식사로 든든한 샌드위치로 일반 가정에서 먹는 불고기에 채소를 더했고 가니쉬를 이용해 품위를 더했다.

Memo

모차렐라치즈 파니니

✳ 재료

토마토	1/2개
다진 마늘	30g
소금, 후추, 바질 가루	
구운 감자	1/2개
모차렐라치즈	30g
새우(중하)	3마리
오징어 먹물빵	
샐러드 채소	
발사믹 드레싱	

✳ 충전물 및 소스

바질 페스토

올리브오일	20cc
데친 프레시 바질	20g
잣	10g
다진 마늘	3g
파머산치즈	

소금, 후추로 간을 맞춘 후 믹서에 간다.

✳ 만들기

❶ 드라이 토마토는 토마토를 3등분해서 다진 마늘, 소금, 후추, 바질가루 버무린 것을 토마토에 바른 다음 100도의 오븐에서 4시간 굽는다.

❷ 바질 페스토 만들기

❸ 먹물빵에 칼집 넣어+바질 페스토+토마토+슬라이스 모차렐라치즈를 덮어 파니니 그릴에 굽는다.

❹ 반으로 잘라 담아낸다.

• Brunch : 화이트소시지, 느타리버섯 3가닥, 피클 2개, 새우(중하) 3개, 구운 감자

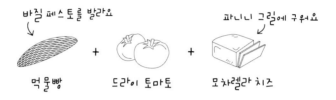

✳ 기타

• 오징어 먹물빵에 바질 페스토를 바르고 허브에 절여 구운 토마토와 모차렐라치즈를 넣어 구웠다. 토마토의 부드러운 맛과 모차렐라치즈가 어우러져 맛이 일품이다.

• 바질(basil) : 꿀풀과의 한해살이풀. 줄기는 높이가 60cm 정도이며, 잎은 달걀 모양이다. 전체에 향기와 매운맛이 있어 향신료나 방향제로 쓴다. 열대 아시아에 분포하고 재배하기도 한다.

포크커틀릿 샌드위치

✤ 재료

식빵	2장
돈가스	1개
돈가스 소스	
토마토 슬라이스	3장
적 · 청 양배추 다진 것	각 30g
체더치즈	1장
마요네즈	

✤ 충전물 및 소스

돈가스 소스
허니머스터드 소스

❋ 만들기

❶ 돈가스 만들어 튀기기

❷ 양배추 샐러드 만들기

❸ 식빵 2장 토스트

❹ 식빵+토마토+양배추 샐러드+돈가스+돈가스 소스+치즈+식빵

• Brunch : 화이트소시지, 맛송이버섯, 피클 2개, 토마토, 새우(중하) 3개, 구운 감자, 달걀요리

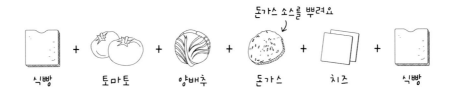

❋ 기타

• 일본풍의 돈가스를 넣어 만든 샌드위치로 피크닉용으로도 좋으며 튀김옷이 있어 바삭하다.

Memo

크로크 무슈

❊ 재료

식빵	2장
그뤼에르치즈	30g
슬라이스햄	1장
베샤멜 소스	
밀가루, 버터	각 50g
우유	500ml
월계수잎	1장
너트메그	2g
소금	3g

❊ 충전물 및 소스

베샤멜 소스

✳ 만들기

❶ 밀가루 볶기 : 팬에 버터를 녹이고 밀가루를 넣어 색깔이 나기 전에 화이트루를 만든다.

❷ 피시스톡 만들기 : 생선이나 새우, 월계수잎, 통후추, 양파, 당근, 셀러리

❸ 베샤멜 소스 만들기 : 스톡을 끓이고+우유+화이트루+월계수잎+너트메그+소금을 넣어 만든다. 농도와 색에 주의한다.

❹ 식빵+베샤멜 소스+치즈+햄+식빵+베샤멜 소스+그뤼에르치즈

❺ 170도 오븐에 10분 치즈가 자연스럽게 녹아내리면 된다.

• Brunch : 토마토, 새우(중하) 3개, 구운 감자, 달걀요리

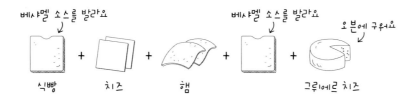

✳ 기타

• 고소하고 진한 그뤼에르치즈가 매력인 프랑스식 샌드위치. 식빵에 베샤멜 소스를 바르고 그 위에 치즈를 뿌려 구웠다. 겉은 바삭하고 속은 촉촉하고 식빵 사이로 사르르 녹아내린 치즈의 맛이 일품이다.

• 프랑스의 베샤멜 소스(화이트 소스) : 우유와 버터, 밀가루를 주재료로 하여 담백하고 고소하며 크림수프와 맛이 비슷하다. 생선조리와 그라탱에 주로 이용한다.

발사믹 양파 파니니

✳ 재료

양파	1개
발사믹 식초, 설탕	각 3큰술
오징어 먹물빵	1개
슬라이스햄	3장
슬라이스치즈	1장

✳ 충전물 및 소스

양파 페스트

양파 1개를 일정한 두께로 채썬다.

발사믹 식초 3큰술, 설탕 3큰술을 넣어 색이 나게 볶는다.

❋ 만들기

❶ 양파를 채썬 후 발사믹 식초와 설탕을 넣고 팬에 볶아 발사믹 양파를 만든다.

❷ 오징어 먹물빵은 칼집을 넣어둔다.

❸ 먹물빵+발사믹 양파+슬라이스햄+치즈+먹물빵 파니니를 그릴에 굽는다.

• Brunch : 화이트소시지, 맛송이버섯, 피클 2개, 토마토, 새우(중하) 3개, 구운 감자, 달걀요리

볶아서 발사믹 양파를 만들어요   파니니 그릴에 구워요

먹물빵   +   양파 발사믹 식초 설탕   +   햄   +   치즈   먹물빵

❋ 기타

• 발사믹(balsamic) : 이탈리아말로 '향기가 좋다'는 의미로 향이 좋고 깊은 맛을 지닌 최고급 포도식 초를 말한다.

• 양파의 맛과 발사믹 식초의 새콤달콤한 맛과 향이 그만이다.

Memo

베이컨 치즈버거

❋ 재료

햄버거 번	1개
상추	1장
체더치즈	2장
토마토 슬라이스	3장
양파 슬라이스	2장
피클 슬라이스	3장
패티	1장
베이컨	2장
마요네즈	
버터	

❋ 충전물 및 소스

허니머스터드 소스
돈가스 소스

✢ 만들기

❶ 햄버거 번은 옆으로 자른 후 토스트하고 버터를 바른다.

❷ 패티를 굽는다. 베이컨은 구워 기름을 뺀다.

❸ 힐+머스터드 소스+상추+치즈+토마토+양파+마요네즈+피클+패티+돈가스 소스+치즈+베이컨+크라운 순으로 만든다.

• Brunch : 구운 감자, 케첩, 새싹 샐러드, 토마토

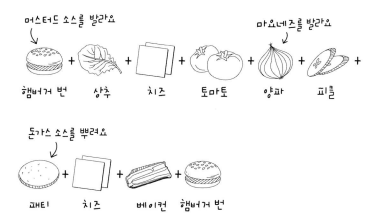

✢ 기타

• 특제 햄버거로 바삭한 베이컨과 패티, 야채와 치즈를 넣어 푸짐하고 영양을 더했다.

• 베이컨은 충분히 구운 후 기름을 완전히 제거해야 한다.

양송이 수프

✳ 재료

다진 양파	1개	생크림	250ml
양송이	2팩	우유	500ml
버터	50g	밀가루	50g
올리브오일		잡곡빵	
화이트 와인		발사믹식초	
소금, 후추, 바질 가루			

❋ 만들기

❶ 양파 다지기, 양송이는 4등분한다.

❷ 버터를 두르고 양파를 볶은후 양송이를 넣어 볶다가 와인을 넣고 다시 볶는다.

❸ 볶은 야채+생크림+우유를 부은 후 믹서에 갈아준다.

❹ 냄비에서 다시 끓인다. 농도가 나지 않으면 화이트루를 넣어 농도를 내고 소금, 후추로 간한다.

❺ 접시에 담고 바질가루를 뿌린다.

• Brunch : 화이트소시지, 맛송이버섯, 피클 2개, 토마토, 새우(중하) 3개, 구운 감자, 달걀요리, 곡물빵
과 발사믹 식초와 올리브오일, 새싹채소 샐러드

❋ 기타

• 양송이와 양파를 갈아 넣고 생크림, 우유를 넣어 묽게 끓인 수프로 영양 가득하고 고소하고 부드러
운 맛을 느낄 수 있다.

• 크림수프 스타일의 양송이수프 : 위의 방법에 치킨 스톡을 준비하고 화이트루를 넣어 농도를 낸다.

치킨 타르타르 샌드위치

❋ **재료**

건포도 빵	2장
닭 가슴살	1조각
양상추	3장
새싹채소	
버터	
소금	

❋ **충전물 및 소스**

타르타르 소스

❊ 만들기

❶ 빵은 자른 후 타르타르 소스를 바른다.

❷ 양상추를 올린다.

❸ 닭 가슴살은 소금, 후추로 간을 한 후 버터를 두른 팬에 구워 올린다.

❹ 새싹채소 올리고 빵을 덮는다.

• Brunch : 화이트소시지, 느타리버섯 3가닥, 피클 2개, 그린 홍합, 구운 감자, 샐러드

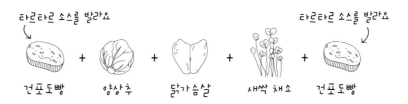

타르타르 소스를 발라요   타르타르 소스를 발라요

건포도빵   +   양상추   +   닭가슴살   +   새싹 채소   +   건포도빵

❊ 기타

• 담백하고 고소한 샌드위치로 조리법이 간단하고 닭 가슴살과 타르타르 소스가 잘 어울린다.

Memo

핫도그(독일식)

❋ 재료

핫도그 번	1개
소시지	1개
다진 피클	30g
머스터드	15g
마요네즈	15g
사워크라우트	10g

❋ 충전물 및 소스

머스터드 소스
마요네즈

✳ 만들기

❶ 핫도그 번의 끝을 남겨둔 채 옆으로 잘라 토스트한다.

❷ 소시지는 달군 팬에 올려 굽는다.

❸ 핫도그 번 사이에 소시지를 끼우고 다진 피클을 올리고 그 위에 머스터드 소스, 마요네즈를 뿌린다.

❹ 접시에 담은 후 사워크라우트를 올린다.

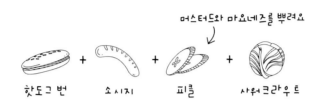

머스터드와 마요네즈를 뿌려요

핫도그 번   +   소시지   +   피클   +   사워크라우트

✳ 기타

• 독일의 대표 음식인 사워크라우트(Sauerkraut)는 양배추에 소금, 허브류를 넣어 발효시킨 것으로 신 맛이 나고 아삭거린다. 독일에서는 소시지와 함께 먹는데 느끼한 맛을 씻어준다.

Memo

핫도그(뉴욕식)

✳ 재료

핫도그 번	1개
소시지	1개
다진 피클	30g
머스터드	15g
케첩	15g
다진 양파	

✳ 충전물 및 소스

머스터드 소스

케첩

✳ 만들기

❶ 핫도그 번은 끝은 남겨둔 채 옆으로 자르고 토스트한다.

❷ 소시지는 달군 팬에 올려 굽는다.

❸ 핫도그 번 사이에 소시지를 끼우고 다진 피클을 올리고 양파를 올리고 그 위에 머스터드 소스, 케첩을 뿌린다.

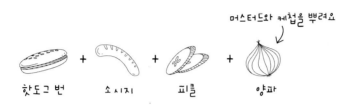

머스터드와 케첩을 뿌려요

핫도그 번 + 소시지 + 피클 + 양파

✳ 기타

• 뉴욕 거리에서 흔히 볼 수 있는 핫도그로 소시지와 머스터드의 조합이 맥주와도 잘 어울린다.

Memo

음료(Beverage)

생과일 주스(Fresh juice) : 신선한 과일의 맛을 그대로 즐길 수 있는 음료	
 **딸기주스**	• 딸기 5개, 스트로베리시럽 30cc, 스위트앤사워 60cc, 얼음 6~7조각 • 딸기 8~9개, 설탕시럽 30cc, 물 60cc, 얼음 6~7조각
 **키위주스**	• 키위 1개, 키위시럽 30cc, 바나나 1/4쪽, 얼음 6~7조각 • 키위 1개 반, 설탕시럽 30cc, 물 50cc, 얼음 6~7조각
 **바나나주스**	• 바나나 1개, 바나나시럽 30cc, 오렌지주스 30cc, 얼음 6~7조각 • 바나나 1개, 설탕시럽 30cc, 우유 80cc, 얼음 6~7조각
 **토마토주스**	토마토 1개, 토마토시럽 30cc, 얼음 6~7조각

 **블루베리주스**	블루베리 50g, 블루베리시럽 30cc, 얼음 6~7조각
 **멜론주스**	멜론 1/8개, 멜론시럽 30cc, 얼음 6~7조각
 **홍시주스**	아이스 홍시 1개, 물 80cc, 얼음 6~7조각
 **아이스티**	홍차 티백 1개, 뜨거운 물 약간, 얼음 5개, 시럽, 레몬 1조각 ※ 홍차 티백 대신 얼그레이 티백으로 우려내면 얼그레이 아이스티
 **밀크티**	홍차 티백 1개, 우유 1컵, 뜨거운 물 1T, 시럽 ※ 맛있는 밀크티를 위한 Tip • 홍차잎은 우유에서 잘 우러나지 않으므로 적은 양이라도 물에 넣고 먼저 끓여야한다. 이때 홍차잎을 평소보다 2배 정도 더 넣거나 물의 양을 반으로 줄인다. • 우유를 너무 오래 끓이면 유막이 형성되므로 우유 가장자리에 기포가 생기면재빨리 불을 끈다. • 밀크티에는 꿀보다 설탕을 넣는 것이 좋다.

스쿼시(Squash) : 과일즙을 소다수로 묽게 하고 설탕을 넣은 음료수

 레몬스쿼시	레몬 1개, 탄산수, 시럽, 얼음 6~7개

프라페(Frappe) : 얼음조각에 여러 가지 리큐어를 부은 음료수

 민트프라페	크림 드 민트 30cc, 가루 얼음

제과 만들기

과일 케이크

Fruit Cake

✳ 배합표

재료	비율(%)	무게(g)	배합조정
박력분	100	500	
설탕	90	450	
마가린	55	275	
달걀	100	500	9개
우유	18	90	
B.P	1	5	
소금	1.5	7.5	
건포도	30	150	
체리	60	300	
호두	40	200	
오렌지필	36	180	
럼	16	80	
바닐라향	0.4	2	

✳ 완성 품목

- 공정 1　　　　　　　　· 공정 2

- 공정 3　　　　　　　　· 공정 4

✳ 제조공정　　　　　　시험시간 : 2시간 30분

1. 반죽 만들기(복합법)
   ① 마가린 유연화
   ② 설탕1/2+소금+향 넣어 믹싱(맛소금화)
   ③ 노른자 넣고 설탕이 다 녹을 때까지 섞기
   ④ 충전물 넣고 혼합
   ⑤ 흰자(젖은 피크)+설탕 1/2 넣어 머랭 만들기
     (중간피크)
   ⑥ 머랭 1/2 넣어 섞은 후, 우유 넣고 혼합
   ⑦ 가루재료 넣어 섞은 후, 나머지 머랭 가볍게
     섞기
2. 팬닝 : 원형틀에 80% 팬닝
3. 굽기 : 180/150℃, 25~30분 정도

✳ 요구사항

❶ 각 재료를 계량하여 진열하시오(13분).

❷ 반죽온도 23℃를 표준으로 하시오.

❸ 반죽은 별립법으로 제조하시오.

❹ 제시한 팬에 알맞도록 분할하시오.

✳ 제품의 평가 & NOTE

• 윗면은 찌그러진 곳 없이 대칭을 이뤄야 한다.

• 충전물은 밀가루로 버무려 사용하면 가라앉는
  것을 최소화할 수 있다.

• 제품을 잘랐을 때 과일이 한쪽으로 몰려 있거
  나 아래로 가라앉지 않아야 한다.

다쿠아즈

❋ 배합표

재료	비율(%)	무게(g)	배합조정
흰자	100	330	6개
설탕	30	99	
아/분	60	198	
슈가파우더	50	165	
박력분	16	52.8	

충천물/토핑물			
재료	비율(%)	무게(g)	배합조정
설탕	50	200	
물	15	60	
생크림	200	100	
무염버터	100	400	
생크림으로대체			

❋ 완성 품목

- 공정 1　　　　　　　　　• 공정 2

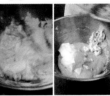

- 공정 3　　　　　　　　　• 공정 4

❋ 제조공정
시험시간 : 1시간 50분

1. 반죽 만들기(머랭법)
   ① 아몬드분말+슈가파우더+박력분, 여러 번 체
   친 후 혼합
   ② 흰자(젖은 피크)+설탕 넣어, 머랭 만들기(중
   간피크)
   ③ 머랭 1/2 넣고 섞기
   ④ 나머지 머랭 넣고 가볍게 섞기
2. 성형 : 짤주머니에 반죽을 담아서 전용 틀 짜기.
   슈가파우더를 뿌려준다.
3. 굽기 : 180/140℃ , 10~15분 정도

❋ 요구사항

❶ 각 재료를 계량하여 진열하시오(5분).
❷ 머랭을 사용하는 반죽을 만드시오.
❸ 표피가 갈라지는 다쿠아즈를 만드시오.
❹ 다쿠아즈 2개를 크림으로 샌드하여 1조의 제
품으로 완성하시오.

❋ 제품의 평가 & NOTE

- 모양이 일정하고 찌그러진 곳 없이 대칭을 이
  뤄야 한다.

데블스푸드 케이크

Devil's Food Cake

❋ 배합표

재료	비율(%)	무게(g)	배합조정
박력분	100	600	
설탕	110	660	
쇼트닝	50	300	
달걀	55	330	6개
탈지분유	11.5	69	
물	103.5	621	
코코아	20	120	
B.P	3	18	
유화제	3	18	
바닐라향	0.5	3	
소금	2	12	

❋ 완성 품목

• 공정 1   • 공정 2

• 공정 3   • 공정 4

❋ 제조공정

시험시간 : 1시간 50분

1. 반죽 만들기(블렌딩법)
   ① 쇼트닝+박력분 피복시켜서 콩알크기로 자르기(1단)
   ② 체친 가루 재료와 설탕+소금+유화제+향 넣고 믹싱(2단)
   ③ 물 2/3 넣기
   ④ 달걀 2~3회 나누어 투입
   ⑤ 나머지 물 넣기
2. 비중 체크(0.8±0.05)
3. 팬닝 : 원형틀에 50%만 채운다.
4. 굽기 : 180/150℃, 20~25분 정도

❋ 요구사항

❶ 각 재료를 계량하여 진열하시오(11분).
❷ 반죽온도 23℃를 표준으로 하시오.
❸ 반죽은 블렌딩법으로 제조하시오.
❹ 반죽의 비중을 측정하시오.
❺ 제시한 팬에 알맞도록 분할하시오.

❋ 제품의 평가 & NOTE

• 일정하고 찌그러진 곳 없이 대칭을 이뤄야 한다.
• 블렌딩법의 제법을 숙지한다.
• 반죽이 진한 코코아색이므로 구울 때 주의한다.

마데이라컵 케이크

Madeira Cup Cake

Madeira Cup Cake

❋ 배합표

재료	비율(%)	무게(g)	배합조정
버터	85	340	
설탕	80	320	
소금	1	4	
달걀	85	340	6개
건포도	25	100	
호두	10	40	
박력분	100	400	
B.P	2.5	10	
적포도주	30	120	

충전물/토핑물			
재료	비율(%)	무게(g)	배합조정
적포도주	5	20	
슈가파우더	20	80	

❋ 완성 품목

• 공정 1   • 공정 2

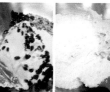

• 공정 3   • 공정 4

❋ 제조공정

시험시간 : 2시간

1. 반죽 만들기(크림법)
   ① 유지 유연화
   ② 설탕+소금 넣어 믹싱(맛소금화)
   ③ 달걀 조금씩 나누어 넣기
   ④ 건포도+호두+포도주 넣어 섞기
   ⑤ 가루재료 섞기
2. 팬닝 : 은박컵에 유산지를 넣고 70% 정도를 채운다.
3. 굽기 : 180/160℃, 25~30분 정도
4. 글레이즈 바르기 : 굽기완성 1분 전에 발라준다.

❋ 요구사항

❶ 각 재료를 계량하여 진열하시오(9분).

❷ 반죽온도 24℃를 표준으로 하시오.

❸ 반죽은 크림법으로 제조하시오.

❹ 반죽분할은 주어진 팬에 알맞은 양을 팬닝하시오.

❺ 적포도주 퐁당을 1회 바르시오.

❋ 제품의 평가 & NOTE

• 윗면이 평평하고 껍질이 두껍지 않고 부드러우며 반점이 없어야 한다.
• 속결은 기공이 크거나 조직이 조밀하지 않아야 한다.

마들렌

Madeleine

❋ 배합표

재료	비율(%)	무게(g)	배합조정
박력분	100	400	
B.P	2	8	
설탕	100	400	
달걀	100	400	6개
레몬껍질	2	4	1개
소금	0.5	2	
용해버터	100	400	

❋ 완성 품목

• 공정 1   • 공정 2

• 공정 3   • 공정 4

❋ 제조공정   시험시간 : 1시간 50분

1. 반죽 만들기

   ① 박력분+B.P 혼합

   ② 설탕+소금 넣고 혼합

   ③ 달걀을 넣어 거품나지 않게 섞기

   ④ 용해버터를 넣은 후 섞기

   ⑤ 레몬껍질 넣기

2. 실온 휴지(30분 정도)

3. 팬닝 : 마들렌 전용 틀 사용

4. 굽기 : 180/140℃, 20~25분 정도

❋ 요구사항

❶ 각 재료를 계량하여 진열하시오(7분).

❷ 반죽온도 24℃를 표준으로 하시오.

❸ 마들렌은 수작업으로 하시오.

❹ 버터를 녹여서 넣는 1단계법(변형) 반죽법을 사용하시오.

❺ 실온에서 휴지시키시오.

❻ 제시된 팬에 알맞은 반죽량을 넣으시오.

❋ 제품의 평가 & NOTE

• 일정하고 찌그러진 곳 없이 대칭을 이뤄야 한다.

• 껍질에 황금갈색이 나야 한다.

마카롱 쿠키

✳ 배합표

재료	비율(%)	무게(g)	배합조정
아/분	100	200	
슈가파우더	180	360	
흰자	80	160	6개
설탕	20	40	
바닐라향	1	2	

✳ 제조공정　　　　　　시험시간 : 2시간 10분

1. 반죽 만들기
   ① 아몬드파우더+슈가파우더 혼합
   ② 흰자(젖은 피크)+설탕 넣어, 머랭 만들기(건
   　 조피크)
   ③ 머랭 1/2 넣고 섞기, 나머지 머랭 넣고 가볍
   　 게 섞기
2. 실온 휴지(10분 정도)
3. 성형 : 원형모양깍지를 이용해서 직경 2~3㎝
   　 가 되도록 짠다.
4. 실온휴지 : 표면이 건조될 때까지 약 40분 정도
   　 (손에 안 묻어날 때까지)
5. 굽기 : 150/130℃, 15~20분 정도

✳ 요구사항

❶ 각 재료를 계량하여 진열하시오(5분).

✳ 완성 품목

- 공정 1　　　　　· 공정 2

- 공정 3　　　　　· 공정 4

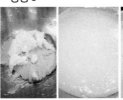

❷ 반죽온도 22℃를 표준으로 하시오.

❸ 반죽은 머랭을 만들어 수작업하시오.

❹ 원형모양깍지를 끼운 짤주머니를 사용하여 원
   반형 모양으로 짜기를 하시오.

❺ 반죽은 전량을 사용하여 성형하고, 팬 2개를
   구워 제출하시오.

✳ 제품의 평가 & NOTE

• 일정하고 찌그러진 곳 없이 대칭을 이뤄야 한다.
• 껍질에 황금갈색이 나야 한다.
• 전체적으로 부드러우면서 파삭파삭한 맛이 있
  어야 한다.

밤과자

Chestnut Cookie

✽ 배합표

재료	비율(%)	무게(g)	배합조정
박력분	100	300	
연유	5	15	
소금	1	3	
설탕	50	150	
달걀	45	135	2개
버터	10	30	
B.P	2	6	
물엿	5	15	

충전물/토핑물

재료	비율(%)	무게(g)	배합조정
흰앙금	-	1,000	
캐러멜색소	-	약간	
노른자	-	약간	
깨	-	약간	

✽ 완성 품목

• 공정 1	• 공정 2

• 공정 3	• 공정 4

✽ 제조공정　　　　　시험시간 : 3시간

1. 반죽 만들기(공립법/수작업/거품 no)
   ① 달걀을 풀어준 뒤 설탕+소금+연유+물엿+버터를 넣고 중탕으로 버터 녹을 때까지
   ② 20℃ 냉각 후 가루재료를 넣어 섞기
2. 냉장 휴지(30분 정도) ※ 앙금되기 맞추기
3. 성형 : 반죽은 20g, 흰앙금 40g 정도 포앙(반죽에 앙금을 감싸는 행동)하기
   밤모양을 만든 후, 아래에 물을 묻히고 깨 묻히기
   철판에 놓고 물을 분무한 후 기미를 2번 칠하기
4. 굽기 : 180/140℃, 20~25분 정도

✽ 요구사항

❶ 각 재료를 계량하여 진열하시오(10분).

❷ 반죽은 중탕하여 냉각시킨 후 반죽온도는 20℃를 표준으로 하시오.
❸ 반죽 분할은 20g씩 하고, 앙금은 45g으로 충전하시오.
❹ 제품 성형은 밤모양으로 하고 윗면은 달걀 노른자와 캐러멜색소를 이용하여 광택제를 칠하시오.

✽ 제품의 평가 & NOTE

• 일정하고 찌그러진 곳 없이 대칭을 이뤄야 한다.
• 앙금의 되기와 반죽의 되기가 서로 같도록 치대어준다.

버터스펀지 케이크(공립법)

Butter Sponge Cake

❈ 배합표

재료	비율(%)	무게(g)	배합조정
박력분	100	500	
설탕	120	600	
달걀	280	700	12개
소금	1	5	
향	0.2	0.5	
버터	20	100	

❈ 완성 품목

• 공정 1   • 공정 2

• 공정 3   • 공정 4

❈ 제조공정

시험시간 : 1시간 50분

1. 반죽 만들기(공립법)
   ① 달걀 풀어준 후 설탕A+소금+향 넣고 믹싱
   ② 가루재료 넣고 섞기
   ③ 반죽을 소량 덜어 용해버터에 넣어 섞은 후 혼합
2. 비중 체크(0.55±0.05)
3. 팬닝 : 평철판 또는 원형팬
4. 굽기 : 180/150℃, 20~25분 정도

❈ 요구사항

❶ 각 재료를 계량하여 진열하시오(6분).
❷ 반죽온도 25℃를 표준으로 하시오.

❸ 반죽은 공립법으로 제조하시오.
❹ 반죽의 비중을 측정하시오.
❺ 제시한 팬에 알맞도록 분할하시오.

❈ 제품의 평가 & NOTE

• 일정하고 찌그러진 곳 없이 대칭을 이뤄야 한다.
• 연한 황금갈색이 나고, 속결은 기공과 조직이 균일해야 한다.
• 끈적거림이나 탄 냄새가 나지 않아야 하며, 버터의 은은한 향이 나야 한다.

버터스펀지 케이크(별립법)　Butter Sponge Cake

✽ 배합표

재료	비율(%)	무게(g)	배합조정
박력분	100	600	
설탕A	60	360	
설탕B	60	360	
노른자	50	300	
흰자	100	600	17개
소금	1.5	9	
B.P	1	6	
바닐라향	0.5	3	
용해버터	25	150	

✽ 제조공정　　　　　　시험시간 : 1시간 50분

1. 반죽 만들기(별립법)

① 노른자 풀어 설탕A+소금+향 넣고 믹싱(미색, 맛소금)

② 흰자(젖은 피크)+설탕B 넣어 중간피크 머랭 만들기

③ 머랭 1/2 넣고 잘 섞은 후, 가루재료 넣어 혼합

④ 반죽을 소량 덜어 용해버터에 잘 섞은 후 혼합

⑤ 나머지 머랭 넣어 가볍게 섞기

2. 비중 체크(0.55±0.05)

3. 팬닝 : 평철판 또는 원형틀

4. 굽기 : 180/150℃, 20~25분 정도

✽ 완성 품목

• 공정 1	• 공정 2

• 공정 3	• 공정 4

✽ 요구사항

❶ 각 재료를 계량하여 진열하시오(9분).

❷ 반죽온도 23℃를 표준으로 하시오.

❸ 반죽은 별립법으로 제조하시오.

❹ 반죽의 비중을 측정하시오.

❺ 제시한 팬에 알맞도록 분할하시오.

✽ 제품의 평가 & NOTE

• 일정하고 찌그러진 곳 없이 대칭을 이뤄야 한다.

• 껍질에 황금갈색이 나야 한다.

버터쿠키

❋ 배합표

재료	비율(%)	무게(g)	배합조정
버터	70	280	
설탕	50	200	
소금	1	4	
달걀	30	120	2개
바닐라향	0.5	2	
박력분	100	400	

❋ 완성 품목

• 공정 1   • 공정 2

• 공정 3   • 공정 4

❋ 제조공정   시험시간 : 2시간

1. 반죽 만들기(크림법)
   ① 유지 유연화
   ② 설탕+소금 넣어 믹싱(맛소금화)
   ③ 달걀 넣고 믹싱
   ④ 가루재료 섞기(• 모양으로 보슬보슬하게)
2. 냉장 or 실온 휴지(20~30분 정도)
3. 성형 : 별모양깍지를 이용해서 S자 모양으로 짠다.
4. 팬닝 : 상하좌우 간격을 3cm씩 한다.
5. 굽기 : 190/100℃, 10~15분 정도

❋ 요구사항

❶ 각 재료를 계량하여 진열하시오(6분).

❷ 반죽온도 22℃를 표준으로 하시오.

❸ 반죽은 크림법으로 제조하시오.

❹ 별모양깍지를 끼운 짤주머니를 사용하여 감독위원이 요구하는 2가지 이상의 모양짜기를 하시오.

❋ 제품의 평가 & NOTE

• 일정하고 찌그러진 곳 없이 대칭을 이뤄야 한다.
• 껍질에 황금갈색이 나야 한다.
• 전체적으로 부드러우면서 파삭파삭한 맛이 있어야 한다.

사과파이

✱ 배합표

재료	비율(%)	무게(g)	배합조정
중력분	100	400	
설탕	3	12	
소금	1.5	6	
쇼트닝	55	220	
탈지분유	2	8	
찬물	35	140	

충전물/토핑물			
재료	비율(%)	무게(g)	배합조정
사과	100	900	
설탕	18	162	
소금	0.5	4.5	
계피가루	1	9	
옥수수전분	8	72	
물	50	450	
버터	2	18	

✱ 제조공정　　시험시간 : 2시간 30분

1. 반죽 만들기
   ① 작업대에 중력분+분유 혼합
   ② 쇼트닝을 ①에 넣어 잘게 다진다(콩알크기).
   ③ 찬물+설탕+소금을 넣어 잘게 다진다.
2. 냉장 휴지(30분 정도) : 충전물 제조
3. 성형 : 바닥용 반죽은 0.3㎝, 덮개는 0.2㎝ 밀기
   파이용 틀에 맞게 재단해 깔고 냉각된 충전물
   을 얹고, 덮개용 반죽을 격자 모양으로 얹은 후,
   노른자를 칠한다.
4. 굽기 : 180/200℃, 20~25분 정도

✱ 완성 품목

• 공정 1　　　　• 공정 2

• 공정 3　　　　• 공정 4

✱ 요구사항

❶ 각 재료를 계량하여 진열하시오(6분).
❷ 껍질에 결이 있는 제품으로 제조하시오.
❸ 충전물은 개인별로 각자 제조하시오.
❹ 제시한 팬에 맞도록 성형한다.

✱ 제품의 평가 & NOTE

• 일정하고 찌그러진 곳 없이 대칭을 이뤄야 한다.
• 충전물의 양이 알맞아야 하고 윗면이 주저앉거
  나 솟지 않아야 한다.
• 껍질은 오렌지빛의 구운 색이 들어야 하며 충
  전물이 끓어 넘쳐 껍질이 눅눅하면 안된다.

소프트롤 케이크

Soft Roll Cake

✽ 배합표

재료	비율(%)	무게(g)	배합조정
박력분	100	250	
설탕A	70	175	
물엿	10	25	
소금	1	2.5	
물	20	50	
향	0.2	0.5	
설탕B	60	150	
달걀	280	700	12개
B.P	1	2.5	
식용유	50	125	

✽ 제조공정　　　　시험시간 : 1시간 50분

1. 반죽 만들기(별립법)

　① 노른자를 풀어준다.

　② 설탕①+소금+물엿 넣고 믹싱(아이보리색)

　③ 물을 섞는다. 가루재료를 가볍게 섞는다.

　④ (중간피크) 머랭을 3번에 나누어 섞는다.

　⑤ 식용유를 가볍게 섞어서 마무리

2. 평철판에 팬닝 후, 무늬를 낸다.

3. 굽기 : 180/160℃, 20~25분 정도

4. 딸기잼을 발라서 말아준다.

✽ 요구사항

❶ 각 재료를 계량하여 진열하시오(10분).

✽ 완성 품목

・공정 1　　　　・공정 2

・공정 3　　　　・공정 4

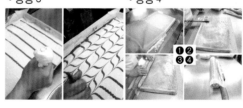

❷ 반죽온도 22℃를 표준으로 하시오.

❸ 반죽은 별립법으로 제조하시오.

❹ 반죽의 비중을 측정하시오.

❺ 제시한 팬에 알맞도록 분할하시오.

✽ 제품의 평가 & NOTE

• 일정하고 찌그러진 곳 없이 대칭을 이뤄야 한다.

• 표면은 황금갈색으로 무늬가 선명하며, 색깔이 고르고 줄무늬가 없어야 한다.

• 둥근 모양이 일정하고 잼이 너무 흐르지 않아야 한다.

쇼트브레드 쿠키

Short Bread Cookie

✳ 배합표

재료	비율(%)	무게(g)	배합조정
박력분	100	600	
버터	33	198	
쇼트닝	33	198	
설탕	35	210	
소금	1	6	
물엿	5	30	
달걀	10	60	1개
노른자	10	60	4개
향	0.5	3	

✳ 완성 품목

• 공정 1   • 공정 2

• 공정 3   • 공정 4

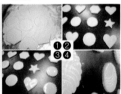

✳ 제조공정

시험시간 : 2시간

1. 반죽 만들기(크림법)

　① 버터+쇼트닝을 포마드화시킨다.

　② 설탕+소금+물엿을 넣어서 반크림화를 한다.

　③ 달걀+노른자를 넣어서 크림화를 한다.

　④ 가루재료를 가볍게 섞는다.

2. 냉장 휴지(30분 정도)

3. 성형 : 두께 0.5㎝ 밀어, 쿠키틀로 찍어서 팬닝을 한다.

4. 무늬내기 : 노른자를 2회 바르고 포크로 무늬를 낸다.

5. 굽기 : 190/140℃ , 10～15분 정도

✳ 요구사항

❶ 각 재료를 계량하여 진열하시오(9분).

❷ 반죽온도 20℃를 표준으로 하시오.

❸ 반죽은 크림법으로 제조하시오.

❹ 제시한 정형기를 사용하여 정형하시오.

✳ 제품의 평가 & NOTE

• 일정하고 찌그러진 곳 없이 대칭을 이뤄야 한다.

• 껍질에 황금갈색이 나야 한다.

• 전체적으로 부드러우면서 파삭파삭한 맛이 있어야 한다.

시폰 케이크

✻ 배합표

재료	비율(%)	무게(g)	배합조정
박력분	100	400	
설탕A	65	260	
설탕B	65	260	
노른자	50	200	
흰자	100	400	10개
소금	1.5	6	
주석영	0.5	2	
B.P	2.5	10	
식용유	40	160	
물	30	120	
오렌지향	0.5	2	

✻ 완성 품목

• 공정 1   • 공정 2

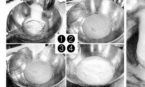

• 공정 3   • 공정 4

✻ 제조공정   시험시간 : 1시간 30분

1. 반죽 만들기(시폰법)

　① 노른자 풀기

　② 설탕A+소금+향 넣어 믹싱(맛소금화)

　③ 식용유 넣고 혼합 후 물 넣어 섞기

　④ 가루재료 넣고 섞기

　⑤ 흰자(젖은 피크)+설탕B 넣어, 머랭 만들기
　　(중간피크)

　⑥ 머랭 1/2을 넣고 섞은 후, 나머지 머랭 가볍
　　게 섞기

2. 비중 체크(0.45±0.05)

3. 팬닝 : 시폰팬에 60% 팬닝

4. 굽기 : 180/160℃, 25~30분 정도

✻ 요구사항

❶ 각 재료를 계량하여 진열하시오(11분).

❷ 반죽온도 23℃를 표준으로 하시오.

❸ 반죽은 시폰법으로 제조하고 비중을 측정하시오.

❹ 시폰팬을 사용하여 반죽을 분할하고 굽기하시오.

✻ 제품의 평가 & NOTE

• 윗면이 찌그러진 곳 없이 대칭을 이뤄야 한다.

• 껍질에 황금갈색이 나야 한다.

• 이형제로 물을 분무해 준다.

• 뒤집어 냉각을 한다.

슈크림

Choux a la Creme

❋ 배합표

재료	비율(%)	무게(g)	배합조정
물	125	325	
버터	100	260	
소금	1	2.6	
중력분	100	260	
달걀	200	520	9개

충전물/토핑물			
재료	비율(%)	무게(g)	배합조정
우유	100	900	
노른자	12	108	
설탕	25	225	
전분	10	90	
버터	6	54	
향	0.6	5.4	
럼주	3	27	
커스터드믹스		300	
찬물		1,000	

❋ 완성 품목

• 공정 1   • 공정 2

• 공정 3   • 공정 4

❋ 제조공정　　　시험시간 : 2시간

1. 반죽 만들기
　① 물+버터+소금을 넣고 팔팔 끓이기
　② 불 아래 내려서 체친 가루 재료를 넣어 혼합한다.
　③ 불에 다시 올려 주걱으로 저어준다(호화시키기).
　④ 불에서 내린 다음 달걀 나눠서 넣어주기(되기조절)
2. **성형** : 원형깍지를 이용해서 지름 3cm 정도 높이 있게 짜준 후, 물을 흠뻑 분무해 준다.
3. **굽기** : 170/160~180/140℃, 25~30분 정도

❋ 요구사항

❶ 각 재료를 계량하여 진열하시오(5분).
❷ 껍질 반죽은 손작업으로 하시오.
❸ 반죽은 직경 3cm 전후의 원형으로 짜시오.
❹ 껍질에 알맞은 양의 크림을 넣어 제품을 완성하시오.

❋ 제품의 평가 & NOTE

• 일정하고 찌그러진 곳 없이 대칭을 이뤄야 한다.
• 물을 분무하는 이유는 표면이 양배추 모양으로 터지게 하기 위해서다.
• 충분히 굽고, 속이 비어 있어야 한다.
• 크림은 충분히 넣되, 밖으로 흘러나오지 않도록 한다.

옐로레이어 케이크

Yellow Layer Cake

✳ 배합표

재료	비율(%)	무게(g)	배합조정
박력분	100	600	
설탕	110	660	
쇼트닝	50	300	
달걀	55	330	6개
소금	2	12	
유화제	3	18	
B.P	3	18	
탈지분유	8	48	
물	72	432	
바닐라향	0.5	3	

✳ 완성 품목

• 공정 1

• 공정 2

• 공정 3
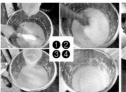

• 공정 4

✳ 제조공정

시험시간 : 1시간 50분

1. 반죽 만들기(크림법)

   ① 유지 유연화

   ② 설탕+소금+유화제+향 넣고 반크림화 상태

   ③ 달걀 2~3회 넣어 부드러운 크림화 상태

   ④ 물 1/2 넣어 섞은 후 가루재료 넣고 혼합

   ⑤ 나머지 물 넣고 혼합

2. 비중 체크(0.8±0.05)

3. 팬닝 : 원형틀에 60%만 채운다.

4. 굽기 : 180/150℃, 20~25분 정도

✳ 요구사항

❶ 각 재료를 계량하여 진열하시오(10분).

❷ 반죽온도 23℃를 표준으로 하시오.

❸ 반죽은 크림법으로 제조하시오.

❹ 반죽의 비중을 측정하시오.

❺ 제시한 팬에 알맞도록 분할하시오.

✳ 제품의 평가 & NOTE

• 윗면이 평평하고 껍질이 두껍지 않고 부드러우며 반점이 없어야 한다.

• 속결은 기공이 크거나 조직이 조밀하지 않아야 한다.

타르트

✽ 배합표(반죽)

재료명	비율(%)	무게(g)	배합조정
박력분	100	400	
계란	25	100	
설탕	26	104	
버터	40	160	
소금	0.5	2	
계	191.5	766	

충전물

재료명	비율(%)	무게(g)	배합조정
아몬드분말	100	250	
설탕	90	225	
버터	100	250	
계란	65	162.5	
브랜디	12	30	
계	367	917.5	

광택제 및 토핑

재료명	비율(%)	무게(g)	배합조정
살구잼	100	150	
물	40	60	
계	140	210	
아몬드슬라이스	66.6	100	

✽ 제조공정　　시험시간 : 2시간 20분

1. 반죽 만들기(크림법)
   ① 버터를 부드럽게 풀기
   ② 설탕+소금을 넣어 크림화
   ③ 달걀을 조금씩 넣어가며 크림화
   ④ 체 친 박력분을 넣고 반죽을 한덩어리로 뭉친다.
   ⑤ 냉장 휴지(20~30분 정도)
2. 팬닝 : 반죽을 3mm두께로 밀어 펴서 팬에 맞게 재단
   하여 깔아준 후 충전물(아몬드크림)을 짤주머니에
   넣어 팬의 60~70% 정도 충전한 다음 아몬드 슬라이
   스를 골고루 토핑한다.
3. 굽기 : 180/170℃, 25분 정도
4. 살구잼과 물을 끓인 다음 타르트 윗면에 발라 제품
   을 완성한다.

✽ 요구사항

※ 타르트를 제조하여 제출하시오.
❶ 배합표의 반죽용 재료를 계량하여 재료별로 진열하
   시오(5분). (토핑 등의 재료는 휴지시간을 활용하시
   오.)
❷ 반죽은 크림법으로 제조하시오.
❸ 반죽온도는 20℃를 표준으로 하시오.
❹ 반죽은 냉장고에서 20~30분 정도 휴지를 주시오.

✽ 완성 품목

• 공정 1　　　　• 공정 2

• 공정 3　　　　• 공정 4

❺ 반죽은 두께 3mm정도 밀어펴서 팬에 맞게 성형하
   시오.
❻ 아몬드크림을 제조해서 팬(∅10~12cm) 용적에 60
   ~70% 정도 충전하시오.
❼ 아몬드슬라이스를 윗면에 고르게 장식하시오.
❽ 반죽은 전량을 사용하여 성형하시오.
❾ 광택제로 제품을 완성하시오.

✽ 제품의 평가 & NOTE

• 설탕을 충분히 크림화하지 않은 껍질은 부스러지기 쉽다.
• 휴지를 시키지 않으면 반죽 안에 공기가 일정하게 분포
  되지 않아 구웠을 때 사블레 바닥의 여러 곳이 부풀어 일
  어나는 현상이 생기게 된다.
• 타르트란? 타르트는 얇은 원형틀에 반죽을 깔고 과일이
  나 크림을 채워 구운 과자이다. 프랑스어로 '타르트', 이
  탈리아어로 '토르타', 영 · 미국에서는 '타트'라고 부르
  고 있다. 각 나라마다 반죽과 모양이 다르다.

젤리롤 케이크

Jelly Roll Cake

✴ 배합표

재료	비율(%)	무게(g)	배합조정
박력분	100	400	
설탕	130	520	
달걀	170	680	12개
소금	2	8	
물엿	8	32	
B.P	0.5	2	
우유	20	80	
향	1	4	

✴ 완성 품목

• 공정 1

• 공정 2

• 공정 3

• 공정 4

✴ 제조공정　　　　　시험시간 : 1시간 30분

1. 반죽 만들기(공립법)

　　① 달걀을 푼 후 설탕+소금+물엿+향 넣고 믹싱

　　　(미색, 맛소금)

　　② 가루재료 넣고 섞기

　　③ 우유 넣어 혼합

2. 비중 체크(0.5±0.05)

3. 팬닝 : 평철판(모서리부터 채우기)

4. 무늬내기 : 반죽+캐러멜색소 섞어 종이 짤주머

　　니에 넣어 반죽에 일정한 간격으로 무늬내기

5. 굽기 : 180/160℃, 20~25분 정도

6. 냉각 후 말기 : 딸기잼을 바른 후 면포 또는 위

　　생지 위에 놓고 말기

✴ 요구사항

❶ 각 재료를 계량하여 진열하시오(8분).

❷ 반죽온도 23℃를 표준으로 하시오.

❸ 반죽은 공립법으로 제조하시오.

❹ 반죽의 비중을 측정하시오.

❺ 제시한 팬에 알맞도록 분할하시오.

✴ 제품의 평가 & NOTE

• 일정하고 찌그러진 곳 없이 대칭을 이뤄야 한
　다.

• 표면은 황금갈색으로 무늬가 선명하며, 색깔이
　고르고 줄무늬가 없어야 한다.

• 둥근 모양이 일정하고 잼이 너무 흐르지 않아
　야 한다.

초코머핀(초코컵케이크)

Choco Muffin

❋ 배합표

재료명	비율(%)	무게(g)	배합조정
박력분	100	500	
설탕	60	300	
버터	60	300	
계란	60	300	
소금	1	5	
베이킹소다	0.4	2	
베이킹파우더	1.6	8	
코코아파우더	12	60	
물	35	175	
탈지분유	6	30	
초코칩	36	180	
계	372	1860	

❋ 완성 품목

❋ 제조공정 　　　시험시간 : 1시간 50분

1. 반죽 만들기(크림법)

　① 버터를 부드럽게 풀기

　② 설탕+소금 넣어 믹싱(크림상태)

　③ 달걀을 조금씩 넣어가며 부드러운 크림상태
　　로 만든다.

　④ 반죽에 물을 조금씩 넣어가며 섞기

　⑤ 체 친 가루재료를 넣고 반죽을 균일하게 섞기

　⑥ 초코칩을 넣고 가볍게 섞기(반죽온도 24℃)

2. 팬닝 : 주어진 틀에 머핀종이를 깔고 짤주머니
　에 반죽을 넣어 팬의 70% 정도 채운다.

3. 굽기 : 180/170℃, 25분 정도

·공정 1	·공정 2

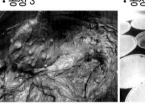

·공정 3	·공정 4

❺ 반죽분할은 주어진 팬에 알맞은 양으로 반죽
　을 패닝하시오.

❻ 반죽은 전량을 사용하여 분할하시오.

❋ 요구사항

※ 초코머핀(초코컵케이크)을 제조하여 제출하시오.

❶ 배합표의 각 재료를 계량하여 재료별로 진열
　하시오(11분).

❷ 반죽은 크림법으로 제조하시오.

❸ 반죽온도는 24℃를 표준으로 하시오.

❹ 초코칩은 제품의 내부에 골고루 분포되게 하
　시오.

❋ 제품의 평가 & NOTE

• 윗면이 너무 평평하거나 산처럼 볼록하지 않고
　적당한 볼륨감이 있어야 한다.

• 속결은 부드러운 조직을 가지며 외부모양은 모
　양이 군일하고 높이가 일정해야 한다.

• 유지, 설탕, 계란의 양이 동일하므로 충분히 휘
　핑하지 않으면 분리될 수 있으므로 주의한다.

• 가루재료의 양이 많아 반죽의 쉽게 뭉칠 수 있
　으므로 물을 먼저 반죽에 넣어 섞는다.

찹쌀도넛

※ 배합표

재료명	비율(%)	무게(g)	배합조정
찹쌀가루	85	680	
중력분	15	120	
설탕	15	120	
소금	1	8	
베이킹파우더	2	16	
베이킹소다	0.5	4	
쇼트닝	6	48	
물	22~25	176~200	
계	146.5~149.5	1172~1196	
팥앙금	110	880	
설탕	20	160	

※ 제조공정　　　시험시간 : 1시간 50분

1. 반죽 만들기(1단계법) : 체 친 가루재료를 포함한 전재료를 믹서볼에 넣고, 따뜻한 물을 넣어가며 균일하게 혼합될 때까지 익반죽한다(반죽온도 35℃).
2. 분할(40g), 둥글리기
3. 성형 : 반죽에 팥앙금을 30g씩 넣어 싼다.
4. 튀기기 : 기름온도 180~190℃ 정도되면 불을 끄고 반죽을 넣어, 기름 위로 떠오르면 도넛을 계속 굴려주어 갈색이 날 때까지 튀긴다.
5. 제품을 만져보았을 때 미온이 느껴지면 설탕에 굴려 묻혀준다.

※ 요구사항

※ 찹쌀도넛을 제조하여 제출하시오.

❶ 배합표의 각 재료를 계량하여 재료별로 진열하시오(8분).

❷ 반죽은 1단계법, 익반죽으로 제조하시오.

❸ 반죽온도는 35℃를 표준으로 제조하시오.

❹ 반죽 1개의 분할 무게는 40g, 팥앙금 무게는 30g으로 제조하시오.

※ 완성 품목

・공정 1	・공정 2

・공정 3	・공정 4

❺ 반죽은 전량을 사용하여 성형하시오.

※ 제품의 평가 & NOTE

• 앙금이 중앙에 위치하도록 싼 후 기름에 튀길 때 계속 굴려주어야 기름을 골고루 먹어 색이 전체적으로 고르게 나며 반죽이 터져 팥이 나오지 않는다.

• 도넛을 기름에 넣을 때 불을 끄지 않고 계속 가열하면 색이 진해져서 겉이 탈 수 있다.

• 도넛반죽에 베이킹파우더, 소다를 넣지 않으면 반죽이 부풀지 않고 기름에 튀겼을 때 터질 수 있으므로 주의한다.

파운드 케이크

Pound Cake

✻ 배합표

재료	비율(%)	무게(g)	배합조정
박력분	100	800	
설탕	80	640	
버터	60	480	
쇼트닝	20	160	
소금	1	8	
유화제	2	16	
물	20	160	
탈지분유	2	16	
향	0.5	4	
B.P	2	16	
달걀	80	640	11개

✻ 제조공정

시험시간 : 2시간 30분

1. 반죽 만들기(크림법)
   ① 유지 유연화
   ② 설탕+소금+유화제 넣어 믹싱(맛소금과 같은 상태)
   ③ 달걀 넣고 설탕이 다 녹을 때까지 믹싱
   ④ 가루재료 넣고 섞기
   ⑤ 물 넣고 퍽퍽 소리가 날 때까지 섞기
2. 비중 체크(0.75±0.05)
3. 팬닝 : 파운드 틀에 70% 정도 채운다.
4. 굽기 : 200/140~180/150℃, 40분 정도
   위에 껍질이 생기면 칼집내고, 다시 뚜껑 덮고 온도조절을 한다.

✻ 완성 품목

• 공정 1

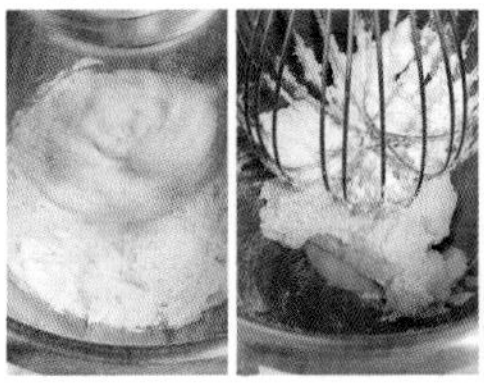

• 공정 2

• 공정 3

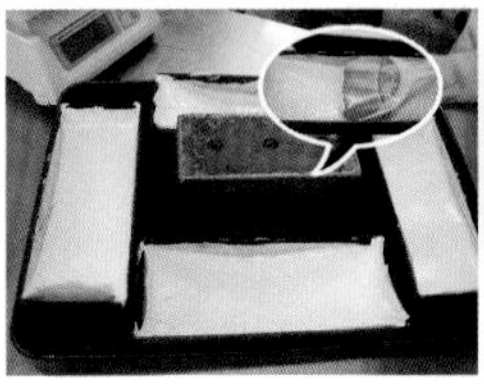

• 공정 4

✻ 요구사항

❶ 각 재료를 계량하여 진열하시오(11분).
❷ 반죽온도 23℃를 표준으로 하시오.
❸ 반죽은 크림법으로 제조하시오.
❹ 반죽의 비중을 측정하시오.
❺ 윗면을 터뜨리는 제품을 만드시오.

✻ 제품의 평가 & NOTE

• 윗면이 찌그러진 곳 없이 대칭을 이뤄야 한다.
• 껍질에 황금갈색이 나야 한다.

퍼프 페이스트리

Puff Pastry

배합표

재료	비율(%)	무게(g)	배합조정
강력분	100	1,100	
달걀	15	165	3개
마가린	10	110	
소금	1	11	
찬물	50	550	
충전마가린	90	990	

완성 품목

• 공정 1

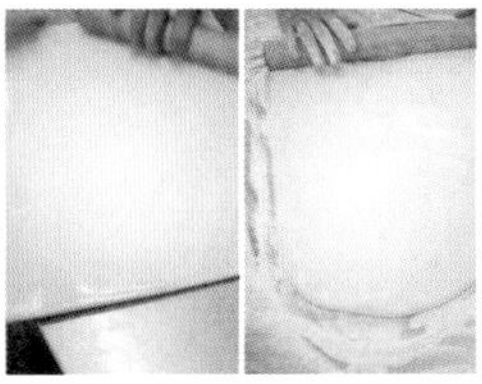

• 공정 2

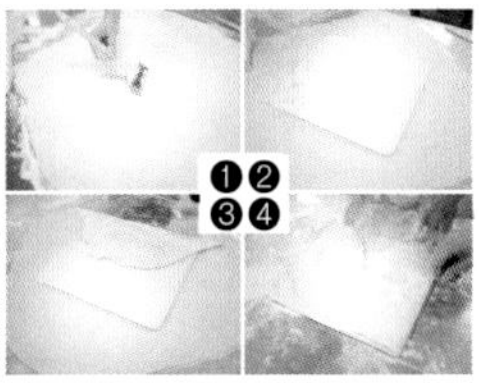

• 공정 3

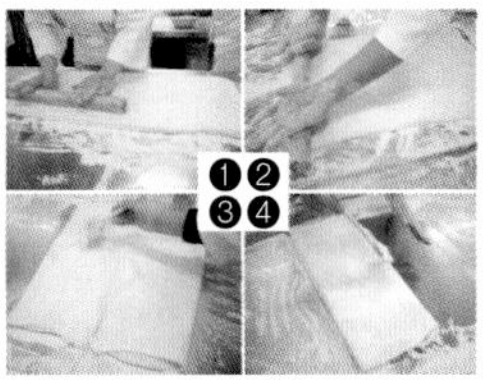

• 공정 4

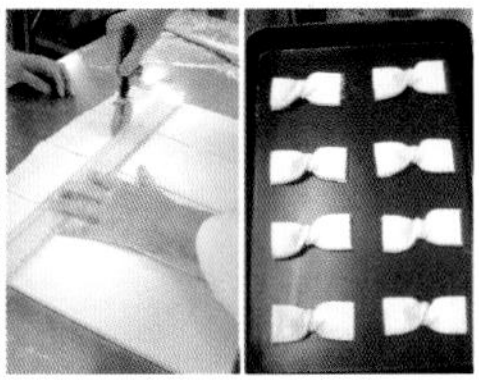

제조공정

시험시간 : 3시간 30분

1. 반죽 만들기(최종단계)
2. 냉장 휴지(30분 정도)
3. 피복시킨다.
4. 밀고 접기 : 3×4×3×3
   매접기가 끝나면 냉장 휴지를 한다.
5. 성형 : 두께 1㎝로 밀어편 후, 가로 4.5㎝ 세로 12㎝의 직사각형으로 자른다.
6. 팬닝 : 4개씩 2열로 놓는다.
7. 굽기 : 190/160℃, 20~30분

요구사항

❶ 각 재료를 계량하여 진열하시오(6분).
❷ 반죽온도 20℃를 표준으로 하시오.
❸ 반죽은 스트레이트법으로 제조하시오.
❹ 접기는 3×3~3×4로 하시오.
❺ 정형은 감독위원의 지시에 따라 하고 평철판을 이용하여 굽기를 하시오.

제품의 평가 & NOTE

- 일정하고 찌그러진 곳 없이 대칭을 이뤄야 한다.
- 유지의 단단함과 반죽의 단단함이 일정해야 좋은 제품을 만들 수 있다.

브라우니

✽ 배합표

재료명	비율(%)	무게(g)	배합조정
중력분	100	300	
계란	120	360	
설탕	130	390	
소금	2	6	
버터	50	150	
다크초콜릿	150	450	
코코아파우더	10	30	
바닐라 향	2	6	
호두	50	150	
계	614	1842	

✽ 완성 품목

• 공정 1 · · · · · · · · · · · · · · · • 공정 2

• 공정 3 · · · · · · · · · · · · · · · • 공정 4

✽ 제조공정　　　시험시간 : 1시간 50분

1. 반죽 만들기

① 다크 초콜릿은 잘게 다진 후 중탕으로 녹인다.

② 버터는 60℃ 정도로 따뜻하게 녹인다.

③ 다크 초콜릿+버터 섞기

④ 달걀을 넣고 가볍게 풀기

⑤ 설탕+소금 섞기

⑦ 체 친 가루재료 넣고 골고루 섞는다.

⑧ 호두를 구워 반죽에 1/2을 넣어 섞기(반죽
　온도 27℃).

2. 팬닝 : 원형틀에 윗면을 평평하게 정리한 다음
나머지 호두를 골고루 뿌린다.

3. 굽기 : 170/160℃, 40분 정도

✽ 요구사항

※ 브라우니를 제조하여 제출하시오.

❶ 배합표의 각 재료를 계량하여 재료별로 진열
하시오(9분).

❷ 반죽(달걀+설탕+소금)은 유지와 초콜릿을 먼
저 녹여 섞고 난 뒤 건조 재료를 혼합하시오.

❸ 반죽온도는 27℃를 표준으로 하시오.

❹ 반죽은 전량을 사용하여 성형하시오.

❺ 3호 원형팬 2개에 패닝하시오.

❻ 호두의 반은 반죽에 사용하고 나머지 반은 토
핑하며, 반죽 속과 윗면에 골고루 분포되게 하
시오(호두는 구워서 사용).

✽ 제품의 평가 & NOTE

• 부풀어 오늘 비율이 알맞고 껍질은 두껍지 않아야
한다.

• 속결은 기공이 크거나 조직이 조밀하지 않고 줄무
늬나 초콜릿이 뭉쳐진 것이 있으면 안 된다.

• 겨울철에는 중탕하여 녹인 초콜릿이 쉽게 굳어버
릴 수 있으므로 주의한다.

• 반죽이 초콜릿으로 인해 진한색이어서 굽기 시 제
품을 설익히거나 과다하게 굽지 않도록 주의한다.

멥쌀스펀지케이크(공립법) Nonglutinous Rice Sponge Cake

❋ 배합표

재료명	비율(%)	무게(g)	배합조정
멥쌀가루	100	500	
설탕	110	550	
계란	160	800	
소금	0.8	4	
바닐라향	0.4	2	
베이킹파우더	0.4	2	
계	371.6	1858	

❋ 완성 품목

• 공정 1   • 공정 2

• 공정 3   • 공정 4

❋ 제조공정   시험시간 : 1시간 50분

1. 반죽 만들기(공립법)
   ① 믹서볼에 달걀을 넣고 풀기
   ② 설탕+소금 넣어 믹싱
   ③ 바닐라향 넣고 기포가 균일해지도록 믹싱
   ④ 멥쌀가루+베이킹파우더 체 쳐 넣고 가볍게 섞기
2. 팬닝 : 원형틀에 60% 정도 채운다.
   (제시한 팬이 3호팬이면 420g, 2호팬이면 300g 을 채운다.)
3. 굽기 : 180/170℃ , 20분 정도

❋ 요구사항

※ 멥쌀스펀지케이크(공립법)를 제조하여 제출하시오.
❶ 배합표의 각 재료를 계량하여 재료별로 진열하시오(7분).
❷ 반죽은 공립법으로 제조하시오.
❸ 반죽온도는 25℃를 표준으로 하시오.

❹ 반죽의 비중을 측정하시오.
❺ 제시한 팬이 3호팬(21cm)이면 420g을, 2호 (18cm)팬이면 300g을 분할하시오.
❻ 반죽은 전량을 사용하여 성형하시오.

❋ 제품의 평가 & NOTE

• 찌그러짐이 없고 균일한 대칭을 이뤄야 한다.
• 옆면과 밑면이 적정한 색이 나고 위 껍질은 밝은 갈색이 나야 한다.
• 기공과 조직이 균일해야 한다.

제빵 만들기

건포도식빵

Raisin Pan Bread

❋ 배합표

재료	비율(%)	무게(g)	배합조정
강력분	100	1,400	
물	60	840	
이스트	3	42	
제빵개량제	1	14	
소금	2	28	
설탕	5	70	
마가린	6	84	
탈지분유	3	42	
달걀	5	70	1개
건포도	50	700	

❋ 완성 품목

• 공정 1　　　　　• 공정 2

• 공정 3　　　　　• 공정 4

❋ 제조공정

시험시간 : 4시간

1. 반죽 만들기(최종단계)

2. 1차발효 : 27℃, 80%. 처음부피의 2.5배 이상

3. 분할(260g), 둥글리기, 중간발효(10~15분 정도)

4. 성형 : 삼봉형태

5. 팬닝 : 이음매부분이 항상 아래로 향하게 한다.

6. 2차발효 : 30℃, 85%. 반죽의 제일 높은 부분이 틀보다 1㎝ 이상의 상태가 적정하다.

7. 굽기 : 200/170~170/170℃, 30~35분 정도
   • 건포도의 전처리 · 중량의 12% 정도의 물이나 럼주에 4시간 정도 숙성시킨다.

❋ 요구사항

❶ 각 재료를 계량하여 진열하시오(10분).

❷ 반죽은 스트레이트법으로 제조하시오

(유지는 클린업단계에서 첨가하시오).

❸ 반죽온도 27℃를 표준으로 하시오.

❹ 분할무게는 팬의 용량을 감안하여 결정하시오 (단, 분할무게×3덩어리를 1개의 식빵으로 함).

❋ 제품의 평가 & NOTE

• 둥글릴 때 건포도가 반죽표면 밖으로 나오지 않도록 주의한다.

• 밀대로 성형 시 건포도가 부서지지 않게 조심해서 성형한다.

단과자빵(소보로빵)

❋ 배합표

재료	비율(%)	무게(g)	배합조정
강력분	100	1,100	
물	47	517	
생이스트	4	44	
제빵개량제	1	11	
소금	2	22	
마가린	18	198	
분유	2	22	
달걀	15	165	2개
설탕	16	176	

토핑물/충전물

재료	비율(%)	무게(g)	배합조정
중력분	100	500	
설탕	60	300	
마가린	50	250	
땅콩버터	15	75	
달걀	10	50	1개
물엿	10	50	
분유	3	15	
베이킹파우더	2	10	
소금	1	5	

❋ 제조공정　　　　　시험시간 : 4시간

1. 반죽 만들기(최종단계)
2. 1차발효 : 27℃, 80%. 처음부피의 2.5배 이상
3. 분할(45g), 둥글리기, 중간발효(10~15분 정도)
4. 성형 : 재둥글리기 후 물을 묻히고, 소보루를 고루게 묻혀서 팬닝을 한다.
5. 팬닝 : 12개씩 팬닝
6. 2차발효 : 30℃, 85%. 반죽이 최소한 2배 이상이고 자연스러운 흔들림이 있어야 한다.
7. 굽기 : 190/140℃, 10~15분 정도

❋ 완성 품목

• 공정 1　　　　• 공정 2

• 공정 3　　　　• 공정 4

❋ 요구사항

❶ 각 재료를 계량하여 진열하시오(20분).

❷ 반죽은 스트레이트법으로 제조하시오(유지는 클린업단계에서 첨가하시오).

❸ 반죽온도 27℃를 표준으로 하시오.

❹ 분할무게는 45g으로 한다(단, 소보로 사용량은 30g씩으로 한다).

❋ 제품의 평가 & NOTE

• 감독위원의 지시에 따라 우유물을 발라서 구울 수도 있다.

단과자빵(크림빵)

Cream Bread

✳ 배합표

재료	비율(%)	무게(g)	배합조정
강력분	100	1,100	
물	53	583	
생이스트	4	44	
제빵개량제	2	22	
소금	2	22	
설탕	16	176	
쇼트닝	12	132	
분유	2	22	
달걀	10	110	2개
커스터드	65	715	

✳ 완성 품목

• 공정 1	• 공정 2

• 공정 3	• 공정 4

✳ 제조공정
시험시간 : 4시간

1. 반죽 만들기(최종단계)
2. 1차발효 : 27℃, 80%. 처음부피의 2.5배 이상
3. 분할(45g), 둥글리기, 중간발효(10~15분 정도)
4. 성형 : 조개형, 반달형
5. 팬닝 : 12개씩 팬닝
6. 2차발효 : 35℃, 85%. 반죽이 최소한 2배 이상 이고 자연스러운 흔들림이 있어야 한다.
7. 굽기 : 190/140℃, 10~15분 정도

✳ 요구사항

❶ 각 재료를 계량하여 진열하시오(10분).
❷ 반죽은 스트레이트법으로 제조하시오(유지는 클린업단계에서 첨가하시오).
❸ 반죽온도 27℃를 표준으로 하시오.
❹ 분할무게는 45g으로 한다(단, 크림 무게는 30g 씩으로 한다. 조개형은 20개, 나머지는 반달형 으로 한다).

✳ 제품의 평가 & NOTE

• 감독위원의 지시사항에 따라 우유물을 발라준 다.
• 커스터드크림
커스터드믹스(400) : 찬물(1,000)

단과자빵(트위스트형)

❋ 배합표

재료	비율(%)	무게(g)	배합조정
강력분	100	1,200	
물	47	564	
생이스트	4	48	
제빵개량제	1	12	
소금	2	24	
설탕	12	144	
쇼트닝	10	120	
분유	3	36	
달걀	20	240	4개

❋ 완성 품목

• 공정 1	• 공정 2

• 공정 3	• 공정 4

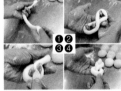 

❋ 제조공정

시험시간 : 4시간

1. 반죽 만들기(최종단계)

2. 1차발효 : 27℃, 80%. 처음부피의 2.5배 이상

3. 분할(50g), 둥글리기, 중간발효(10~15분 정도)

4. 성형 : 8자형태, 달팽이형태, 더블8자형 중 2가지

5. 팬닝 : 12개씩 팬닝

6. 2차발효 : 30℃, 85%. 반죽이 최소한 2배 이상이고 자연스러운 흔들림이 있어야 한다.

7. 굽기 : 190/140℃, 10~15분 정도

❋ 요구사항

❶ 각 재료를 계량하여 진열하시오(9분).

❷ 반죽은 스트레이트법으로 제조하시오(유지는 클린업단계에서 첨가하시오).

❸ 반죽온도 27℃를 표준으로 하시오.

❹ 분할무게는 50g으로 한다(단, 8자형, 달팽이형, 더블8자형 중 감독위원이 요구하는 2가지로 만드시오).

❋ 제품의 평가 & NOTE

• 감독위원의 지시에 따라 우유물을 발라서 구울 수도 있다.

더치빵

Dutch Bread

❋ 배합표

재료	비율(%)	무게(g)	배합조정
강력분	100	1,200	
물	60	720	
이스트	3	36	
제빵개량제	1	12	
소금	1.8	21.6	
설탕	2	24	
쇼트닝	3	36	
탈지분유	4	48	
흰자	3	36	1개

충전물/토핑물			
재료	비율(%)	무게(g)	배합조정
멥쌀가루	100	300	
중력분	20	60	
이스트	2	6	
설탕	2	6	
소금	2	6	
물	85	255	
마가린	30	90	

❋ 완성 품목

· 공정 1	· 공정 2
· 공정 3	· 공정 4
	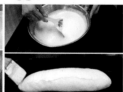

❋ 제조공정
시험시간 : 4시간

1. 반죽 만들기(발전후기)
2. 1차발효 : 27℃, 80%. 처음부피의 2.5배 이상
3. 분할(300g), 둥글리기, 중간발효(10~15분 정도)
4. 성형 : 럭비공 모양의 타원형 형태
5. 팬닝 : 이음매부분이 항상 아래로 향하게 한다.
6. 2차발효 : 30℃, 85%. 표면 건조 후 토핑용 반죽을 빵 반죽 위에 고루게 발라준다.
7. 굽기 : 160/150℃, 30분 정도

❋ 요구사항

❶ 각 재료를 계량하여 진열하시오(18분).
❷ 반죽은 스트레이트법으로 제조하시오(유지는 클린업단계에서 첨가하시오).
❸ 반죽온도 27℃를 표준으로 하시오.
❹ 분할무게는 팬의 용량을 감안하여 결정하시오 (단, 표준분할무게는 300g으로 한다).

❋ 제품의 평가 & NOTE

• 토핑용 반죽은 빵반죽의 1차발효 때 마가린을 제외한 모든 재료를 혼합하여 발효하다가 본반죽의 1차발효가 끝날 때쯤 녹인 마가린을 넣어서 다시 발효시킨다.

데니시 페이스트리　　　　Danish Pastry

✳ 배합표

재료	비율(%)	무게(g)	배합조정
강력분	80	720	
박력분	20	180	
물	45	405	
이스트	5	45	
소금	2	18	
설탕	15	135	
마가린	10	90	
분유	3	27	
달걀	15	135	3개
롤인 유지	총반죽의 30%	526.5	

✳ 제조공정　　　　시험시간 : 4시간 30분

1. 반죽 만들기(발전후기)
2. 냉장 휴지 30분 정도
3. 충전용 유지를 피복한다.
4. 밀고 접기(3절 3회). 매 접기마다 냉장 휴지를 한다.
5. 재단 및 성형하기
6. 2차발효 : 30℃, 80%
7. 굽기 : 190/140℃, 30분 정도

✳ 요구사항

❶ 각 재료를 계량하여 진열하시오(10분).
❷ 반죽은 스트레이트법으로 제조하시오(유지는 클린업단계에서 첨가하시오).
❸ 반죽온도 20℃를 표준으로 하시오.
❹ 달팽이형, 초승달형, 바람개비형, 포켓형 중 2가지를 만드시오(접기와 밀어펴기는 3절 3회).

✳ 제품의 평가 & NOTE

(1) 초승달형
　① 두께 0.25~0.3cm로 반죽을 밀어편 후 높이 20cm, 밑변 10cm의 이등변삼각형으로 재단한다.
　② 밑변 쪽에서 꼭짓점 방향으로 만 후 반죽의

✳ 완성 품목

・공정 1　　　・공정 2

・공정 3　　　・공정 4

양끝을 구부려 초승달 모양으로 만든다.

(2) 바람개비형
　① 반죽을 0.5cm 두께로 밀어편 후 10cm의 정사각형 모양으로 자른다.
　② 반죽을 각 꼭짓점에서 중심방향으로 잘라서 한쪽 끝만 중심에 붙여 바람개비 모양으로 성형한다.

(3) 달팽이형
　① 1cm의 두께로 반죽을 밀어편 후 가로 1cm, 세로 30cm의 긴 막대모양으로 자른다.
　② 반죽의 양끝을 잡고 비튼 후 한쪽을 중심으로 말아 감는다. 이때 너무 단단히 말면 구울 때 위로 튀어나오므로 주의한다.

모카빵 Mocha Bread

✻ 배합표

재료	비율(%)	무게(g)	배합조정
강력분	100	1,100	
물	45	495	
이스트	5	55	
제빵개량제	1	11	
소금	2	22	
설탕	15	165	
버터	12	132	
탈지분유	3	33	
달걀	10	110	2개
커피	1.5	16.5	
건포도	15	165	

충전물/토핑물

재료	비율(%)	무게(g)	배합조정
박력분	100	500	
버터	20	100	
설탕	40	200	
달걀	24	120	2개
베이킹파우더	1.5	7.5	
우유	12	60	
소금	0.6	3	

✻ 제조공정 시험시간 : 4시간

1. 반죽 만들기(최종단계) : 마무리할 때 건포도를 넣는다.
2. 1차발효 : 27℃, 80%. 처음부피의 2.5배 이상
3. 분할(250g), 둥글리기, 중간발효(10~15분 정도)
4. 성형 : 럭비공 모양의 타원형 형태, 비스킷을 반죽보다 2배로 밀어서 덮어준다.
5. 팬닝 : 이음매부분이 항상 아래로 향하게 한다.
6. 2차발효 : 30℃, 85%
7. 굽기 : 180/140℃, 30분 정도

✻ 완성 품목

• 공정 1   • 공정 2

• 공정 3   • 공정 4

✻ 요구사항

❶ 각 재료를 계량하여 진열하시오(11분).
❷ 반죽은 스트레이트법으로 제조하시오(유지는 클린업단계에서 첨가하시오).
❸ 반죽온도 27℃를 표준으로 하시오.
❹ 분할무게는 팬의 용량을 감안하여 결정하시오 (단, 표준분할무게는 250g, 비스킷은 100g으로 함).

✻ 제품의 평가 & NOTE

• 비스킷은 크림법으로 제조한다.

밤식빵

Chestnut Pan Bread

✲ 배합표

재료	비율(%)	무게(g)	배합조정
강력분	80	960	
중력분	20	240	
물	52	624	
이스트	4	48	
제빵개량제	1	12	
소금	2	24	
설탕	12	144	
버터	8	96	
분유	3	36	
달걀	10	120	2개

충전물/토핑물			
재료	비율(%)	무게(g)	배합조정
마가린	100	100	
설탕	60	60	
베이킹파우더	2	2	
달걀	60	60	1개
중력분	100	100	
아/슬	50	50	

✲ 완성 품목

• 공정 1   • 공정 2

• 공정 3   • 공정 4

✲ 제조공정 시험시간 : 4시간

1. 반죽 만들기(최종단계)
2. 1차발효 : 27℃, 80%. 처음부피의 2.5배 이상
3. 분할(450g), 둥글리기, 중간발효(10~15분 정도)
4. 성형 : 원루프 형태
5. 팬닝 : 이음매부분이 항상 아래로 향하게 한다.
6. 2차발효 : 30℃, 85%. 반죽의 제일 높은 부분이 틀 아래 1㎝ 이하의 상태가 적정하다.
   토핑물을 짜주고, 아몬드슬라이스를 뿌려준다.
7. 굽기 : 160/160℃, 35~40분 정도
• 토핑물은 크림법으로 제조한다.

✲ 요구사항

❶ 각 재료를 계량하여 진열하시오(10분).
❷ 반죽은 스트레이트법으로 제조하시오(유지는 클린업단계에서 첨가하시오).
❸ 반죽온도 27℃를 표준으로 하시오.
❹ 분할무게는 팬의 용량을 감안하여 결정하시오 (단, 표준분할무게는 450g, 통조림밤 80g으로 함).

✲ 제품의 평가 & NOTE

• 비스킷은 크림법으로 제조한다.

버터롤

Butter Roll

❋ 배합표

재료	비율(%)	무게(g)	배합조정
강력분	100	1,100	
설탕	10	110	
소금	2	22	
버터	15	165	
탈지분유	3	33	
달걀	8	88	2개
이스트	4	44	
제빵개량제	1	11	
물	53	583	

❋ 완성 품목

• 공정 1   • 공정 2

• 공정 3   • 공정 4

❋ 제조공정　　　　　　시험시간 : 4시간

1. 반죽 만들기(최종단계) : 버터를 3회 정도 나누어서 넣는다.
2. 1차발효 : 27℃, 80%. 처음부피의 2.5배 이상
3. 분할(40g), 둥글리기, 중간발효(10~15분)
4. 성형 : 길이는 20㎝, 역삼각형 형태로 말아 번데기 모양으로 만든다.
5. 팬닝 : 12개씩 팬닝
6. 2차발효 : 35℃, 85%. 반죽이 최소한 2배 이상이고 자연스러운 흔들림이 있어야 한다.
7. 굽기 : 190/140℃, 10~15분 정도

❋ 요구사항

❶ 각 재료를 계량하여 진열하시오(9분).
❷ 반죽은 스트레이트법으로 제조하시오(유지는 클린업단계에서 첨가하시오).
❸ 반죽온도 27℃를 표준으로 하시오.
❹ 제품의 형태는 번데기 모양으로 제조하시오(분할무게는 40g으로 하시오).

❋ 제품의 평가 & NOTE

• 감독위원의 요구에 따라 우유물을 발라줄 수도 있다.

버터톱식빵

❋ 배합표

재료	비율(%)	무게(g)	배합조정
강력분	100	1,200	
물	40	480	
생이스트	4	48	
제빵개량제	1	12	
소금	1.8	21.6	
설탕	6	72	
버터	20	240	
탈지분유	3	36	
달걀	20	240	6개

❋ 완성 품목

• 공정 1　　　　　• 공정 2

• 공정 3　　　　　• 공정 4

❋ 제조공정　　　　시험시간 : 3시간 30분

1. 반죽 만들기(최종단계)
2. 1차발효 : 27℃, 80%. 처음부피의 2.5배 이상
3. 분할(460g), 둥글리기, 중간발효(10~15분 정도)
4. 성형 : 원루프 형태
5. 팬닝 : 이음매부분이 항상 아래로 향하게 한다.
6. 2차발효 : 30℃, 85%. 반죽의 제일 높은 부분을 틀 아래 1㎝ 낮은 상태에서 표면건조 후, 칼집을 내고 버터를 짜준다.
7. 굽기 : 200/170~170/170℃, 30분 정도

❋ 요구사항

❶ 각 재료를 계량하여 진열하시오(9분).
❷ 반죽은 스트레이트법으로 제조하시오(유지는 클린업단계에서 첨가하시오).
❸ 반죽온도 27℃를 표준으로 하시오.
❹ 분할무게는 팬의 용량을 감안하여 결정하시오 (단, 표준분할무게는 460g으로 함).

❋ 제품의 평가 & NOTE

• 유지가 많은 제품이므로 충분히 믹싱 후 유지를 넣거나, 유지를 2~3등분하여 넣어준다.

브리오슈 Brioche

✳ 배합표

재료	비율(%)	무게(g)	배합조정
강력분	100	900	
물	30	270	
이스트	8	72	
소금	1.5	13.5	
마가린	20	180	
버터	20	180	
설탕	15	135	
분유	5	45	
달걀	30	270	4개
브랜디	1	9	럼주

✳ 완성 품목

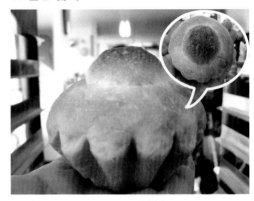

· 공정 1

· 공정 2

· 공정 3

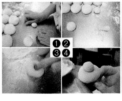

· 공정 4

✳ 제조공정

시험시간 : 3시간 30분

1. 반죽 만들기(최종단계)

2. 1차발효 : 29℃, 80%. 처음부피의 2.5배 이상

3. 분할(40g), 둥글리기, 중간발효(10~15분 정도)

4. 성형 : 오뚜기 모양으로 만든다.

5. 팬닝 : 이음매부분이 항상 아래로 향하게 한다.

6. 2차발효 : 30℃, 85%. 반죽이 최소한 2배 이상 이고 자연스러운 흔들림이 있어야 한다.

7. 굽기 : 18/150℃, 10~15분 정도

✳ 요구사항

❶ 각 재료를 계량하여 진열하시오(10분).

❷ 반죽은 스트레이트법으로 제조하시오(유지는 클린업단계에서 첨가하시오).

❸ 반죽온도 29℃를 표준으로 하시오.

❹ 분할무게는 팬의 용량을 감안하여 결정하시오 (단, 표준분할무게는 40g으로 함. 오뚜기 모양)

✳ 제품의 평가 & NOTE

• 감독위원의 요구에 따라 노른자를 발라줄 수도 있다.

유지를 나누어서 투입(3~5회), 오버믹싱 주의

빵도넛

✳ 배합표

재료	비율(%)	무게(g)	배합조정
강력분	80	880	
박력분	20	220	
설탕	10	110	
쇼트닝	12	132	
소금	1.5	16.5	
분유	3	33	
이스트	5	55	
제빵개량제	1	11	
달걀	15	165	3개
물	46	506	
너트메그	0.3	3.3	

✳ 완성 품목

• 공정 1

• 공정 2

• 공정 3

• 공정 4

✳ 제조공정

시험시간 : 3시간

1. 반죽 만들기(최종단계)

2. 1차발효 : 25℃, 80%. 처음부피의 2.5배 이상

3. 분할(45g), 둥글리기, 중간발효(10~15분 정도)

4. 성형 : 8자형 또는 링도넛형, 꽈배기형

5. 팬닝 : 12개씩 팬닝

6. 2차발효 : 30℃, 85%. 표면건조 후 튀긴다.

7. 튀기기 : 180℃, 1~1분 30초

✳ 요구사항

❶ 각 재료를 계량하여 진열하시오(12분).

❷ 반죽은 스트레이트법으로 제조하시오(유지는 클린업단계에서 첨가하시오).

❸ 반죽온도 27℃를 표준으로 하시오.

✳ 제품의 평가 & NOTE

① 모양이 일정하며, 가운데 흰줄무늬가 있어야 한다.

② 앞면과 뒷면의 색이 일치되어야 한다.

③ 기름이 너무 흡유되지 않아야 한다.

스위트롤

❊ 배합표

재료	비율(%)	무게(g)	배합조정
강력분	100	1,200	
물	46	552	
생이스트	5	60	
제빵개량제	1	12	
소금	2	24	
설탕	20	240	
쇼트닝	20	240	
분유	3	36	
달걀	15	180	3개
충전용 설탕	15	180	
충전용 계피가루	1.5	18	

❊ 완성 품목

• 공정 1 • 공정 2

• 공정 3 • 공정 4

❊ 제조공정　　　　　　시험시간 : 4시간

1. 반죽 만들기(최종단계)

2. 1차발효 : 27℃, 80%. 처음부피의 2.5배 이상

3. 분할

4. 성형 : 세로 40㎝, 두께 0.3㎝. 직사각형으로 밀어편 후 가장자리 부분 1㎝ 정도 물을 바른다. 전체적으로 녹인 버터를 바르고, 계피설탕을 뿌린 뒤 아래에서 위로 말아준다.

5. 팬닝 : 12개씩 팬닝

6. 2차발효 : 35℃, 85%. 반죽이 최소한 2배 이상이고 자연스러운 흔들림이 있어야 한다.

7. 굽기 : 190/140℃, 10~15분 정도

❊ 요구사항

❶ 각 재료를 계량하여 진열하시오(11분).

❷ 반죽은 스트레이트법으로 제조하시오(유지는 클린업단계에서 첨가하시오).

❸ 반죽온도 27℃를 표준으로 하시오.

❹ 야자잎형, 트리플리프(세잎새형)의 2가지 모양으로 만드시오.

❊ 제품의 평가 & NOTE

• 계피설탕은 충전용 설탕과 충전용 계피가루를 섞는다.

　야자잎 & 나비형(바스켓형) : 2㎝

　트리플리프(세잎새형) : 3㎝

　말발굽형 : 30㎝

식빵(비상법)

White Pan Bread

❊ 배합표

재료	비율(%)	무게(g)	배합조정
강력분	100	1,200	
물	63	756	
이스트	4	48	60
제빵개량제	2	24	
설탕	5	60	
쇼트닝	4	48	
분유	3	36	
소금	2	24	

❊ 완성 품목

• 공정 1	• 공정 2

• 공정 3	• 공정 4

❊ 제조공정

시험시간 : 2시간 40분

1. 반죽 만들기(최종후기)
2. 1차발효 : 30℃, 80%. 처음 부피의 2.5배 이상
3. 분할(180g), 둥글리기, 중간발효(10~15분 정도)
4. 성형 : 삼봉형태
5. 팬닝 : 이음매부분이 항상 아래로 향하게 한다.
6. 2차발효 : 35℃, 85%. 반죽의 제일 높은 부분이 틀높이와 같은 상태가 적정하다.
7. 굽기 : 200/170~170/170℃, 30분 정도

❊ 요구사항

❶ 각 재료를 계량하여 진열하시오(8분).

❷ 반죽은 비상스트레이트법으로 제조하시오(유지는 클린업단계에서 첨가하시오).

❸ 반죽온도 30℃를 표준으로 하시오.

❹ 분할무게는 팬의 용량을 감안하여 결정하시오(단, 표준분할무게는 180g으로 함).

❊ 제품의 평가 & NOTE

• 모양이 찌그러지지 않고 균일하고, 전체가 잘 익고 황금갈색이 되어야 한다.

옥수수식빵

배합표

재료	비율(%)	무게(g)	배합조정
강력분	80	1,040	
옥수수분말	20	260	
물	60	780	
이스트	2.5	32.5	
제빵개량제	1	13	
소금	2	26	
설탕	8	104	
쇼트닝	7	91	
탈지분유	3	39	
달걀	5	65	1개
활성글루텐	3	39	

완성 품목

· 공정 1

· 공정 2

· 공정 3

· 공정 4

제조공정

시험시간 : 4시간

1. 반죽 만들기(최종단계)
2. 1차발효 : 27℃, 80%. 처음부피의 2.5배 이상
3. 분할(180g), 둥글리기, 중간발효(10~15분 정도)
4. 성형 : 삼봉형태
5. 팬닝 : 이음매부분이 항상 아래로 향하게 한다.
6. 2차발효 : 30℃, 85%. 반죽의 제일 높은 부분이 틀 위로 1㎝ 이상의 상태가 적정하다.
7. 굽기 : 200/170~170/170℃, 30분 정도

요구사항

❶ 각 재료를 계량하여 진열하시오(11분).
❷ 반죽은 스트레이트법으로 제조하시오(유지는 클린업단계에서 첨가하시오).
❸ 반죽온도 27℃를 표준으로 하시오.
❹ 분할무게는 팬의 용량을 감안하여 결정하시오 (단, 표준분할무게는 180g으로 함).

제품의 평가 & NOTE

• 밀가루 대신 옥수수가루 등의 다른 곡물가루를 첨가하면 기본배합의 글루텐 함량이 부족하게 되어 반죽에 힘이 없어서 주저앉게 된다. 그래서 밀가루에서 뽑아 건조시킨 활성글루텐을 밀가루 대비 2~3% 정도 첨가한다.

우유식빵

Milk Pan Bread

✿ 배합표

재료	비율(%)	무게(g)	배합조정
강력분	100	1,200	
우유	72	864	
이스트	3	36	
제빵개량제	1	12	
소금	2	24	
설탕	5	60	
쇼트닝	4	48	

✿ 완성 품목

- 공정 1

- 공정 2

- 공정 3

- 공정 4

✿ 제조공정　　　　　　시험시간 : 4시간

1. 반죽 만들기(최종단계)
2. 1차발효 : 27℃, 80%. 처음부피의 2.5배 이상
3. 분할(180g), 둥글리기, 중간발효(10~15분 정도)
4. 성형 : 삼봉형태
5. 팬닝 : 이음매부분이 항상 아래로 향하게 한다.
6. 2차발효 : 30℃, 85%. 반죽의 제일 높은 부분이 틀 높이 1.5~2cm 이상의 상태가 적정하다.
7. 굽기 : 200/170~170/170℃, 30분 정도

✿ 요구사항

❶ 각 재료를 계량하여 진열하시오(8분).

❷ 반죽은 비상스트레이트법으로 제조하시오(유지는 클린업단계에서 첨가하시오).

❸ 반죽온도 30℃를 표준으로 하시오.

❹ 분할무게는 팬의 용량을 감안하여 결정하시오(단, 표준분할무게는 180g으로 함).

✿ 제품의 평가 & NOTE

• 육면체 전체적으로 색이 고르게 나야 한다.

그리시니

※ 배합표

재료명	비율(%)	무게(g)	배합조정
강력분	100	700	
설탕	1	7	
건조 로즈마리	0.14	1	
소금	2	14	
생이스트	3	21	
버터	12	84	
올리브유	2	14	
물	62	434	
계	182.14	1,275	

※ 완성 품목

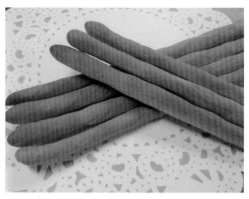

• 공정 1	• 공정 2

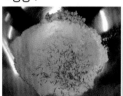 

• 공정 3	• 공정 4

※ 제조공정　　　　시험시간 : 2시간 30분

1. 반죽 만들기 : 모든 재료를 믹서 볼에 넣고 저속 2분, 중속 5분간 믹싱한다(반죽온도 27℃).
2. 1차발효 : 27℃, 80%. 처음부피의 2.5배 이상
3. 분할(30g), 둥글리기, 반죽을 손으로 밀어 막대형으로 중간발효(10~15분)
4. 성형 및 팬닝 : 길이는 35~40cm, 일정한 막대모양으로 밀어 편 후 팬닝
5. 2차발효 : 35~38℃, 85%, 5~10분간 발효
6. 굽기 : 200/160℃, 10분 정도

※ 요구사항

※ 그리시니를 제조하여 제출하시오.

❶ 배합표의 각 재료를 계량하여 재료별로 진열하시오(8분).

❷ 전 재료를 동시에 투입하여 믹싱하시오(스트레이트법).

❸ 반죽온도는 27℃를 표준으로 하시오.

❹ 1차 발효시간은 30분 정도로 하시오.

❺ 분할무게는 30g, 길이는 35~40cm로 성형하시오.

❻ 반죽은 전량을 사용하여 성형하시오.

※ 제품의 평가 & NOTE

• 길이와 굵기가 일정하고 갈색의 껍질색이 나야 한다.

• 그리시니(Grissini)는 가는 막대모양의 이탈리아빵으로 수분 함량이 적은 것이 특징이다.

팥앙금빵(비상법)

❋ 배합표

재료	비율(%)	무게(g)	배합조정
강력분	100	900	
물	48	432	
생이스트	7	63	
제빵개량제	1	9	
소금	2	18	
설탕	16	144	
마가린	12	108	
분유	3	27	
달걀	15	135	3개
팥앙금	140	1,260	

❋ 완성 품목

• 공정 1	• 공정 2

• 공정 3	• 공정 4

❋ 제조공정　　　　　　　시험시간 : 3시간

1. 반죽 만들기(최종후기)
2. 1차발효 : 30℃ , 80%. 처음부피의 2.5배 이상
3. 분할(40g), 둥글리기, 중간발효(10~15분 정도)
4. 성형 : 팥앙금이 반죽의 정중앙에 있도록 포앙 하고, 지시에 따라서 구멍을 낼 수도 있고, 우 유물을 발라준다.
5. 팬닝 : 12개씩 팬닝
6. 2차발효 : 35℃ , 85%. 반죽이 최소한 2배 이상 이고 자연스러운 흔들림이 있어야 한다.
7. 굽기 : 190/140℃ , 10~15분 정도

❋ 요구사항

❶ 각 재료를 계량하여 진열하시오(10분).
❷ 반죽은 비상스트레이트법으로 제조하시오(유 지는 클린업단계에서 첨가하시오).
❸ 반죽온도 27℃를 표준으로 하시오.
❹ 분할무게는 40g으로 한다(단, 팥앙금 무게는 30g씩으로 한다.)

❋ 제품의 평가 & NOTE

① 구멍의 중심이 가운데 있어야 한다.
② 감독관의 지시에 따라 우유를 발라줄 수도 있 다.

풀만식빵　　　　　　　　　Pullman Bread

✳ 배합표

재료	비율(%)	무게(g)	배합조정
강력분	100	1,400	
물	58	812	
이스트	3	42	
제빵개량제	1	14	
소금	2	28	
설탕	6	84	
쇼트닝	4	56	
달걀	5	70	1개
분유	3	42	

✳ 완성 품목

・공정 1　　　　　　　・공정 2

・공정 3　　　　　　　・공정 4

✳ 제조공정　　　　　　　시험시간 : 4시간

1. 반죽 만들기(최종단계)

2. 1차발효 : 27℃, 80%. 처음부피의 2.5배 이상

3. 분할(310g), 둥글리기, 중간발효(10~15분 정도)

4. 성형 : 밀고, 말고, 봉하기

5. 팬닝 : 이음매부분이 항상 아래로 향하게 한다.

6. 2차발효 : 35℃, 85%. 반죽의 제일 높은 부분이 틀 아래 1cm 정도 낮은 상태가 적정하다.

7. 굽기 : 200/170~170/170℃, 35분 정도

• 보통의 식빵보다 10분 정도 더 굽는다.

✳ 요구사항

❶ 각 재료를 계량하여 진열하시오(9분).

❷ 반죽은 스트레이트법으로 제조하시오(유지는 클린업단계에서 첨가하시오).

❸ 반죽온도 27℃를 표준으로 하시오.

❹ 분할무게는 팬의 용량을 감안하여 결정하시오.

✳ 제품의 평가 & NOTE

• 육면체 전체적으로 색이 고르게 나야 한다.

프랑스빵

❋ 배합표

재료	비율(%)	무게(g)	배합조정
강력분	100	1,000	
물	65	650	
이스트	3.5	35	
제빵개량제	1.5	15	
소금	2	20	

❋ 제조공정

시험시간 : 4시간

1. 반죽 만들기(발전중기)
2. 1차발효 : 24℃ , 80%. 처음부피의 2.5배 이상
3. 분할(200g), 둥글리기, 중간발효(10~15분 정도)
4. 성형 : 길이 30㎝ 정도의 막대형태
5. 팬닝 : 이음매부분이 항상 아래로 향하게 한다.
6. 2차발효 : 30℃ , 85%. 표면 건조 후 칼집 3군데 내고 반죽 표면에 물을 분무해 준다.
7. 굽기 : 200/170℃ , 30분 정도

❋ 완성 품목

• 공정 1   • 공정 2

• 공정 3   • 공정 4

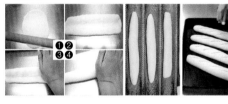

❋ 요구사항

❶ 각 재료를 계량하여 진열하시오(5분).
❷ 반죽은 스트레이트법으로 제조하시오.
❸ 반죽온도 24℃를 표준으로 하시오.
❹ 분할무게는 팬의 용량을 감안하여 결정하시오 (단, 표준분할무게는 200g으로 하고 총길이는 30㎝, 3군데에 칼집을 내시오).

❋ 제품의 평가 & NOTE

• 오븐에 스팀을 주는 이유 : 커팅부분을 보기 좋게 터지게 하고 부피가 큰 제품을 얻을 수 있고, 껍질표면의 광택이 좋아지기 때문이다.

소시지빵

❋ 배합표

재료명	비율(%)	무게(g)	배합조정
강력분	80	800	
중력분	20	200	
생이스트	4	40	
제빵개량제	1	10	
소금	2	20	
설탕	11	110	
마가린	9	90	
탈지분유	5	50	
계란	5	50	
물	52	520	
계	189	1,890	

토핑 및 충전물			
재료명	비율(%)	무게(g)	배합조정
프랑크소시지	100	480	
양파	75	375	
마요네즈	50	250	
피자치즈	75	375	
케찹	50	250	
계	350	1730	

❋ 제조공정
<small>시험시간 : 4시간</small>

1. 반죽 만들기(최종단계) : 클린업단계에서 마가린을 넣는다.(반죽온도 27℃)
2. 1차발효 : 27℃, 75~80%, 40~50분 정도 발효
3. 분할(60g), 둥글리기, 막대형으로 밀어 10~15분 정도 중간발효
4. 성형 : 반죽을 6~8등분하여 꽃 형태, 낙엽형태로 한다.
5. 팬닝 : 이음매 부분이 항상 아래로 향하게 한다.
6. 2차발효 : 35~38℃, 80%, 30~35분 정도 발효
7. 반죽 위에 다진 양파+마요네즈를 섞어 올리고, 피자치즈를 올린 후 케첩, 마요네즈를 뿌린다.
8. 굽기 : 200/150℃, 15분 정도

❋ 요구사항

※ 소시지빵을 제조하여 제출하시오.
❶ 반죽 재료를 계량하여 재료별로 진열하시오(10분). (토핑 및 충전물 재료의 계량은 휴지시간을 활용하시오.)

❋ 완성 품목

• 공정 1   • 공정 2

• 공정 3   • 공정 4

❷ 반죽은 스트레이트법으로 제조하시오.
❸ 반죽온도는 27℃를 표준으로 하시오.
❹ 반죽 분할무게는 60g씩 분할하시오.
❺ 반죽은 전량을 사용하여 분할하고, 완제품(토핑 및 충전물 완성)은 12개 제조하여 제출하시오.
❻ 충전물은 발효시간을 활용하여 제조하시오.
❼ 정형 모양은 낙엽모양과 꽃잎모양의 2가지로 만들어서 제출하시오.

❋ 제품의 평가 & NOTE

• 성형시 반죽이 동일한 두께로 소시지를 감싸야 한다.
• 찌그러짐이 없고 균일한 대칭을 이뤄야 한다.
• 성형시 낙엽모양은 어슷썰기처럼 각도를 주어 자르고, 꽃잎모양은 직선으로 잘라 고른 모양을 만든다.

베이글

Bagel

✲ 배합표

재료명	비율(%)	무게(g)	배합조정
강력분	100	1000	
물	60	600	
이스트	3	30	
제빵개량제	1	10	
소금	2.2	22	
설탕	2	20	
식용유	3	30	
계	171.2	1,712	

✲ 제조공정
시험시간 : 3시간 30분

1. 반죽 만들기(발전단계) : 반죽온도 27℃

2. 1차발효 : 27℃, 75~80%, 40~50분간 발효

3. 분할(80g), 둥글리기, 중간발효(막대형으로 10~15분 정도)

4. 성형 : 반죽을 25~30cm 정도로 밀어 동그란 링 형태로 한다.

5. 팬닝 : 이음매 부분이 항상 아래로 향하게 한다.

6. 2차발효 : 35~38℃, 80%, 15분 정도 발효

7. 굽기 : 끓는 물에 베이글의 앞, 뒤를 데친 후 200/180℃, 15~20분 정도

✲ 요구사항

※ 베이글을 제조하여 제출하시오.

❶ 배합표의 각 재료를 계량하여 재료별로 진열하시오(7분).

❷ 반죽은 스트레이트법으로 제조하시오.

❸ 반죽 온도는 27℃를 표준으로 하시오.

❹ 1개당 분할중량은 80g으로 하고 링모양으로 정형하시오.

❺ 반죽은 전량을 사용하여 성형하시오.

❻ 2차 발효 후 끓는물에 데쳐 패닝하시오.

✲ 완성 품목

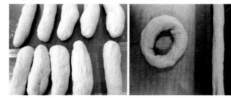

• 공정 1   • 공정 2

• 공정 3   • 공정 4

❼ 팬 2개에 완제품 16개를 구어 제출하시오.

✲ 제품의 평가 & NOTE

• 베이글을 데칠 때 반죽이 풀어지지 않도록 성형시 이음매를 잘 봉해주어야 한다.

• 2차발효를 오래하게 되면 제품의 볼륨감이 없어지므로 적정시간을 잘 지켜주어야 한다.

• 링 모양으로 찌그러짐이 없어야 한다.

• 반죽이 균일하게 부풀어 올라 모양이 일정하고 균형이 잡혀야 한다.

햄버거빵　　　　　　　　　　　　Hamburger Buns

❋ 배합표

재료	비율(%)	무게(g)	배합조정
중력분	30	330	
강력분	70	770	
이스트	3	33	
제빵개량제	2	22	
소금	1.8	19.8	
마가린	9	99	
탈지분유	3	33	
달걀	8	88	2개
물	48	528	
설탕	10	110	

❋ 완성 품목

• 공정 1　　　　　　　• 공정 2

• 공정 3　　　　　　　• 공정 4

❋ 제조공정　　　　　　　시험시간 : 4시간

1. 반죽 만들기(최종단계)
2. 1차발효 : 27℃, 80%. 처음부피의 2.5배 이상
3. 분할(60g), 둥글리기, 중간발효(10~15분 정도)
4. 성형 : 지름이 8㎝ 정도의 원형
5. 팬닝 : 이음매부분이 항상 아래로 향하게 한다.
6. 2차발효 : 30℃, 85%. 반죽이 최소한 2배 이상 이고 자연스러운 흔들림이 있어야 한다.
7. 굽기 : 190/140℃, 10~15분 정도

❋ 요구사항

❶ 각 재료를 계량하여 진열하시오(10분).
❷ 반죽은 스트레이트법으로 제조하시오(유지는 클린업단계에서 첨가하시오).
❸ 반죽온도 27℃를 표준으로 하시오.
❹ 분할무게는 팬의 용량을 감안하여 결정하시오 (단, 표준분할무게는 60g으로 함).

❋ 제품의 평가 & NOTE

• 감독위원의 요구에 따라 우유물을 발라줄 수도 있다.

호밀식빵

Rye Bread

✽ 배합표

재료	비율(%)	무게(g)	배합조정
강력분	70	910	
물	60~63	780~819	
이스트	2	26	
제빵개량제	1	13	
소금	2	26	
황설탕	3	39	
쇼트닝	5	65	
탈지분유	2	26	
호밀가루	30	390	
당밀	2	26	

✽ 완성 품목

• 공정 1

• 공정 2

• 공정 3

• 공정 4

✽ 제조공정

시험시간 : 4시간

1. 반죽 만들기(최종단계)
2. 1차발효 : 25℃, 80%. 처음 부피의 2.5배 이상
3. 분할(190g), 둥글리기, 중간발효(10~15분 정도)
4. 성형 : 삼봉형태
5. 팬닝 : 이음매부분이 항상 아래로 향하게 한다.
6. 2차발효 : 30℃, 85%. 반죽의 제일 높은 부분이 틀 위로 1.5~2㎝ 이상의 상태가 적정하다.
7. 굽기 : 200/170~170/170℃, 30~35분 정도

✽ 요구사항

❶ 각 재료를 계량하여 진열하시오(11분).
❷ 반죽은 스트레이트법으로 제조하시오(유지는 클린업단계에서 첨가하시오).
❸ 반죽온도 25℃를 표준으로 하시오.
❹ 분할무게는 팬의 용량을 감안하여 결정하시오 (단, 분할무게×3덩어리를 1개의 식빵으로 함).
❺ 칼집모양을 가운데 일자로 내시오.

✽ 제품의 평가 & NOTE

• 호밀가루의 사용량이 많을수록 반죽시간이 짧아진다.
※ 2011년 5월 시험부터 분할 330g으로 변경시행됨

● 저자 소개

김 영 복
호남대학교 호텔경영 박사과정
경기대학교 대학원 외식조리관리학 석사
현) 한국조리사관전문학교
　　호텔제과제빵학과 전임교수
경기대학교 외래교수
안산공과대학 외래교수
동서울대학 외래교수
전주기전여자대학 외식조리과 강의전담교수
성남시 조리, 제과 교수
프린스호텔 조리, 제과 셰프
아드리아호텔 조리과 주임
(주)한국외식조리센터 창업팀장
CN 푸드관리부 차장
빵굽터 창업, 메뉴개발 팀장
가또마들렌 제과점 창업, 메뉴개발 팀장

한국산업인력관리공단 심사위원
한국외식조리학회, 한국외식경영학회 회원
2010. 세계요리대회 디저트부문 동상
2009. 대구음식박람회 한식단체전 금상
커피바리스타 심사위원((사)한국평생능력개발원)
한식/양식/중식/일식조리기능사(한국산업인력
공단)
제과/제빵기능사(한국산업인력공단)
한식 직업훈련교사(노동부)
제과 직업훈련교사(노동부)
가스 사용시설 안전기사
저서 : 제과제빵기능사문제집(필기)-석학당
　　　알기쉬운 제과제빵 실무특강
　　　제과 · 제빵 실습(Ⅰ · Ⅱ)-백산출판사
　　　제과제빵학 기능사 문제집(필기)-석학당

정 화 수
한성대학교 석사과정
영남대학 호텔조리제빵과 전문학사
초당대학교 조리과학과 학사
현) 한국조리사관전문학교
　　호텔제과제빵학과 전임교수
모가농협제과점 대표
주재근베이커리 공장장
주재근제과점 공장장

샹제르망 과자점 공장장, 성남제과제빵학원 주임
교사
푸드아카데미 부원장
한솔요리학원 제과제빵 팀장
제과/제빵기능사(한국산업인력공단)
케이크디자이너/베이킹마스터(사단법인)
조리실기교사
조리훈련교사
제과훈련교사

박 태 일
호남대학교 조리과학과
대한민국 제과기능장
주재근베이커리 공장장
빵굽는 사람들 주재근베이커리
이천 동경제과제빵학원 부원장
이천시 근로자종합복지관 제과제빵 강사
여주자영농업고등학교 외래강사
삼일상업고등학교 외래강사
한겨레고등학교 제과제빵반 외래강사

현) 한국조리사관전문학교 호텔제과제빵학과 교수
제빵기능사
제과기능사
케이크디자이너, 베이킹마스터
쇼콜라티에 자격
커피바리스타
저서 : 제과제빵기능사 실기특강교재
　　　제과 · 제빵 실습(Ⅰ · Ⅱ)-백산출판사
　　　제과제빵학 기능사 문제집(필기)-석학당

고 난 화
세종대학교 외식경영 석사과정
한국조리사관전문학교 학사 졸업
외식프랜차이즈 디자인((주)엠비컴)
외식이벤트행사(나온)
제과제빵 강사(곤지암 중 · 고등학교)

제빵기능사
제과기능사
조주기능사
커피바리스타
와인소믈리에
한식조리기능사

제과 · 제빵 & 샌드위치와 브런치카페

2011년 2월 28일 초 판1쇄 발행
2012년 8월 20일 개정판1쇄 발행

저 자 **김 영 복 · 정 화 수**
      박 태 일 · 고 난 화
발행인 **(寅製) 진 욱 상**

저자와의
합의하에
인지첩부
생략

발행처 **백산출판사**

서울시 성북구 정릉3동 653-40
등록 : 1974. 1. 9. 제 1-72호
전화 : 914-1621, 917-6240
FAX : 912-4438
http://www.ibaeksan.kr
editbsp@naver.com

값 22,000원
ISBN 978-89-6183-447-6